U0102387

肉猪饲养致富指南

杜忍让　主编

内蒙古科学技术出版社

图书在版编目（CIP）数据

肉猪饲养致富指南 / 杜忍让主编. — 赤峰：内蒙古科学技术出版社，2020.5（2021.8重印）

（农牧民养殖致富丛书）

ISBN 978-7-5380-3214-7

Ⅰ.①肉… Ⅱ.①杜… Ⅲ.①肉用型—猪—饲养管理—指南 Ⅳ.①S828.9-62

中国版本图书馆CIP数据核字（2020）第094382号

肉猪饲养致富指南

主　　编：杜忍让
责任编辑：那　明
封面设计：王　洁
出版发行：内蒙古科学技术出版社
地　　址：赤峰市红山区哈达街南一段4号
网　　址：www.nm-kj.cn
邮购电话：0476-5888970
排　　版：赤峰市阿金奈图文制作有限责任公司
印　　刷：赤峰天海印务有限公司
字　　数：200千
开　　本：880mm×1230mm　1/32
印　　张：7.625
版　　次：2020年5月第1版
印　　次：2021年8月第2次印刷
书　　号：ISBN 978-7-5380-3214-7
定　　价：20.00元

如出现印装质量问题，请与我社联系。电话：0476-5888926　5888917

编委会

主　编　杜忍让

编　委　白　涛　李新建

　　　　杨福有　贺天浴

目　录

1

第一章 饲养肉猪效益分析及市场预测

第一节 养猪业的概况

一、世界养猪产业发展概况

1. 生产概况

（1）生猪生产

猪肉作为肉食品的首选肉类，在世界肉类生产与消费中占有很重要的地位。在过去30多年中，世界猪肉产量一直高于其他任何一种肉类（如牛肉、羊肉和禽肉）的产量。猪肉产量的年平均增长速度约为3.4%，高于肉类产量的平均增长速度（约为2.9%），仅次于鸡肉（约为5.1%）和羊肉（约为4.5%）的平均增长速度。

（2）品种及分布

生猪生产的区域分布主要集中在亚洲、欧洲和南北美洲。其中，亚洲的生猪养殖量约占世界总量的60%，以中国、越南和印度为主；欧洲以德国、法国、丹麦、波兰和俄罗斯为主；北美洲以美国和加拿大为主；南美洲以巴西和墨西哥为主。

（3）生产技术

从20世纪70年代至今，是欧美发达国家养猪业迅猛发展的黄金时期。美国、丹麦、加拿大等是世界养猪业的发达国家，具有世界领先的发展水平和生产技术。在过去几十年里，这几个国家的生猪饲养水平不断提高，养殖规模逐渐扩大。养猪业的迅速发展与它们各自建立的完善的育种体系密切相关。经过多年的发展，这些国家在胴体分级、种猪登记、性能测定、遗传评估等方面均形成了完善的技术体系。育种新技术的不断使用也使得它们的种猪繁育保持了比较高的遗传进展。目前，美国、加拿大等发达国家的生猪育种体系主要由国家育种体系、跨国育种公司及个体育种者或公司构成，这三个主体既相互竞争又相互合作，共同促进了种猪业的发展。

与此同时，发达国家在生猪饲养的技术研发推广方面也走在世界前列。目前，福利式养猪、三点式养猪、仔猪超早期断奶、SPF猪生产、全进全出制、分子技术辅助选择育种、冷冻精液应用、猪场节水系统、粪污无害化处理、生物安全防护等先进技术和养殖新模式已经得到了广泛使用和推广。这些技术的推广和普及，极大地改善了生猪的饲养环境，提高了生猪饲养的生产效率和食品安全的保障水平。

2. 进出口贸易

随着生猪生产发展和世界贸易自由化的推进，猪肉产品的国际贸易量显著增加。环太平洋国家、俄罗斯和墨西哥是世界最主要的传统猪肉进口国。日本是世界上最大的猪肉进口国，其次为意大利、韩国和英国等国家和地区。世界猪肉出口市场主要为欧盟各国、美国、加拿大、巴西、中国等，它们的猪肉出口量占世界总出口量的95%左右。加拿大虽然是猪肉生产小国，但猪肉外贸在生产中所占比重不断上升。从1999年起，加拿大成为世界猪肉制品的最大出口国。丹麦也是世界较大的猪肉出口国，丹麦猪生产总量的85%用于出口，它的猪肉产量只占世界总产量的2%，但是，出口量却占到世界出口总量的17%。其次是德国、荷兰、巴西。我国既是猪肉的最大生产国，又是猪肉的最大消费国。

3. 加工和产业化发展

发达国家的猪肉屠宰加工完全实行规模化、自动化、订单化、福利化。目前，美国每天生猪的屠宰能力为40余万头，其中90%由大型屠宰企业完成。十家领先屠宰企业每家每天屠宰1万头以上，其中Smithfield食品公司在美国每天的屠宰能力达到10余万头。70%以上的生产者都按屠宰商的订单生产商品猪。产品也实现了多样化，推行冷鲜肉、分割肉、有机肉及优质深加工产品。在商品猪的供应上要求优质猪源，即要求猪生长的全过程吃绿色安全饲料，进行福利化养殖，让生猪享受"活动有场所、洗澡有淋浴、生病有人治、清洁有人管"；屠宰时对生猪实行"善宰"，使生猪享受"安乐死"，如宰前在音乐声中温水淋浴放松情绪。通过人道屠宰，猪肉的品质会更好。欧盟各国、美国、加拿大、澳大利亚等国家都有动物福利方面的法律，这些国家要求供货方必须能提供畜禽在饲养、运输、宰杀过程中没有受到虐待的证明。为保证提供100%安全放心的肉制品，发达国家都建立了食品"追溯体系"，即对食品原料的生长、回收、加工、储藏、运输及零售供应链的整个过程各个环节的管理对象进行标示。生猪加工的现代化和产业化提高了生猪饲养的生产效率，改善了动物福利，满足了消费者多样化的消费需求。

4. 发展趋势

随着世界经济的发展，世界养猪生产正逐渐向集约化、标准化、优质化的方向发展。例如，美国的养猪业在1964—1974年期间，猪场数减少了近2/3,而猪场规模扩大了近4倍。在1994—1999年期间,美国猪场数量又一次急剧下降,减少了50%,从20多万个下降至不足10万个。到2009年,美国只剩下8万多个猪场。尽管猪场数量减少了,但美国生猪的存栏数保持相对稳定。发达国家养猪业的迅速发展得益于企业生产规模的不断扩大及人工授精、分性别饲养、分阶段饲养、多点生产、早期隔离断奶、全进全出制度及遗传改良等科学技术的迅速推广。

二、我国养猪产业发展概况

1. 生产水平逐步提高,规模养猪迅速发展

改革开放四十多年来,我国畜牧业生产保持了持续快速的发展势头。随着畜牧业生产结构的调整,我国养猪业持续稳步发展,现在已经成为世界第一养猪大国。在生产发展的同时,养猪业的养殖水平也不断提高。随着我国经济的不断发展,规模养猪的数量和水平都在增大和提高,京、津、沪等省市生猪生产基本实现规模化。规模化养猪场和养殖小区正成为生猪主产区规模化养猪的主流。

2. 区域优势不断增强

从生猪实际饲养区域看,我国生猪饲养范围广泛,除新疆、青海、宁夏、西藏和海南等地区饲养量较少外,其余省份都有规模不同、数量不等的饲养量。养猪业为耗粮型畜牧业,需要消耗大量的玉米等粮食作物,所以我国养猪业主要集中在四川盆地、黄淮流域和长江中下游地区,这些地区粮食资源丰富,通过养猪可将粮食就地转化为畜产品,以降低成本,提高农作物附加值,所以这些地区具有明显的区域优势。

3. 新技术应用和推广更加广泛

我国养猪生产快速发展,生产水平不断提高,主要是由于养猪新技术的开发和推广。人工授精技术(AI)的应用避免传染疫病,增加优良公猪的利用机会,减少公猪的使用数量。超早期隔离断奶技术(SEW)在我国的一些规模比较大、管理比较好的养猪场也在逐步试行,并收到了良好的效果。多位点生产(场外生产)技术的使用使大型养猪联合企业迅速普及,这对减少疾病传染及维持猪健康水平起到积极作用。计算机管理技术的应用对于猪场各类数据的记录、保存及分析,生产管理,疫病监测,经营决策,及时发现存在的问题与提出解决问题的对策等都有很大作用。生猪的饲养管理自动化技术应用有利于减少疾病传播,降低各个环节猪的死亡率,便于科学管理,减少劳动力及饲料等资源的浪费,可以有效地提高猪的生产性能,增加经济效益。养猪的新工艺与猪舍的环境控制技术应用,通过人为地改善生产工艺和环境条件,最大限度地满足了猪生长发育对环境的需求,使其遗传潜力得到有效发挥,生产性能明显提高,经济效益日趋显著。目前我国养猪业正逐步推广这些技术并已初见成效,猪场应用这些新技术后能够提前发现问题,减少损失,节约劳动开支,降低生产成本,增加企业盈利。

4. 猪肉加工业趋于成熟

我国肉类食品加工业是新中国成立后发展起来的新兴产业,经过几十年的建设特别是近二十年的发展,已基本形成了集畜禽养殖(基地)、屠宰分割加工、肉制品深加工、禽蛋类加工、副产品综合利用加工、冷冻冷藏加工及物流配送、批发零售于一体的产业体系,肉类加工企业正在向集约化、规模化、现代化水平发展。

目前我国重点猪肉及肉制品生产加工企业河南双汇集团有限公司、江苏雨润集团有限公司、临沂新程金锣肉制品有限公司居我国肉类食品行业前三强，其中双汇集团是我国最大的以猪肉加工为主的肉类加工基地。目前我国猪肉加工还存在着加工比例小、行业集中度低，深加工肉品少、档次较低等问题。

5. 出口创汇持续增加

我国是世界上最大的猪肉生产国，但我国的猪肉生产大部分满足国内消费，出口量很少，在世界猪肉贸易中的份额也不大。我国生猪产品贸易包括生猪和猪肉产品两大部分。近年来，我国猪肉进口量呈现先降后升的趋势。目前猪肉绝大部分出口到俄罗斯、新加坡等地，占到我国猪肉出口贸易总量的90%以上。我国的猪肉出口以鲜、冷、冻猪肉，以及猪肉罐头和火腿为主。

虽然我国猪肉进出口量在世界范围内份额不大，但我国是猪肉生产和消费大国，在开放经济条件下，我国国内猪肉生产和消费的较小变动，都会引起世界猪肉进出口量的较大波动。因此，我国猪肉生产在世界猪肉贸易中占有特殊的地位。

第二节 影响肉猪效益的主要因素

养猪的目的是获取效益，如果养猪不赚钱或效益不佳，那谁都不会去养，如何饲养、怎样赚钱是养猪者关心的重要问题，为此必须首先分析影响养猪效益的因素。通过认真地分析发现问题，提出解决对策可以取得较好的经济效益。

养猪是一种生物生产方式，受多种因素的影响，其主要影响因素包括内部因素和外部因素。内部因素主要是指在生产环节自主可控因素，包括猪种及繁育、饲料和饲养、疾病防治、基础设施、环境条件和经营管理；外部因素主要是指生产环节不能控制，需要通过社会环节调节的因素，主要包括市场需求、供销渠道、价格政策及国家的扶持政策等。

一、内部因素

内部因素主要是指影响猪的生长速度、饲料消耗、存活率等的相关因素，这些因素受到猪种及其杂交组合、饲料营养、饲养管理技术、疾病防治技术等制约，是可以通过猪场自身控制的因素，其主要表现为：

1. 猪的品种及杂交组合

种猪的优劣是决定养猪效益高低的基本条件之一。要取得最佳效益，必须有优良的品种作保证，因为品种和杂交组合不同，产仔数及仔猪育成率也不一样。一般而言，我国地方猪种产仔数及仔猪育成率较高，而国外引进猪种的产仔数和仔猪育成率较低，所以选择好品种及确定杂交组合是仔猪生产的重要环节，也是获得效益的首要因素。目前我国农村地方杂种猪还占有一定的比例，优质高效的三元杂交猪所占比例并不高。有些养殖户实行自繁自养的繁殖方式，近亲繁殖现象比较普遍，农民在选购仔猪时只求价格便宜，不问品种优劣，导致猪生长缓慢，瘦肉率低，饲料报酬差，品质也不佳，因而销售价格不高。

2. 饲料营养

饲料营养是猪生长发育的物质基础，是形成肉、脂、皮、骨的主要原料。养猪成本中饲料成本大约占总成本的65%，饲料营养对养猪效益的取得可以说起着重要的作用，营养是否全面、平衡直接影响到猪的生长发育和饲料利用率，要取得良好的效益就必须十分重视饲料营养问题。首先是饲料中营养的含量，即饲料质量，在订购饲料时要切实检查好质量；其次是饲料的种类，各种饲料所含的成分不同，其营养含量也有差异，在加工配合饲料时，尽可能考虑多种成分饲料供应，这样可以有效地保证多种营养的供给，从而提高饲料的利用率。单独采用任何一种粮食作饲料是很难把猪养好的，同时饲料对肉猪品质影响极大，如多给大麦、脱脂乳、薯类等淀粉类饲料，因其含有大量饱和脂肪酸，其体脂洁白、硬实，易保存；而多给米糠、玉米、豆饼、鱼粉、蚕蛹等原料，由于本身脂肪含量高，且多为不饱和脂肪酸，因而体脂较软，易发生脂肪氧化，有苦味或酸败味，烹调时有异味，因而肉猪屠宰前两个月应减少不饱和脂肪酸含量高和有异味的饲料，以提高肉质。

3. 饲养管理技术

饲养管理方面主要问题表现为种猪利用不当，如种公猪配种过早，利用过度，出现早衰现象而被迫淘汰；种母猪哺乳期过长，导致母猪体质变差，断奶后发情延迟，有的甚至导致不育；后备母猪配种过早，生长发育不全，终生繁殖力降低。在饲料利用方面盲目追求低成本，利用低劣或霉变的饲料喂猪，导致母猪流产，以及生长猪生长缓慢或饲料中毒引起的伤亡等事故。

4. 疫病防控和免疫

养猪的主要目的是获取较好的经济效益，在疫病防治方面一定要按照规律办事，要有防病的意识。在疫病防控方面，以预防接种为主。要根据当地疫病发生和流行情况制定科学的免疫程序，严格按照免疫程序对仔猪进行免疫接种，走出认为仔猪过早打预防针会影响其生长的误区，增强防疫意识。与此同时，做好消毒和杀灭病原工作，在饲养过程中消除侥幸心理，严格猪舍和进出口消毒，在猪场的入口设置消毒池。防止人员频繁进出，并严格药物的配制浓度和使用方法，使消毒效果达到最佳。

5. 出栏时间

肉猪养到一定程度，其生长发育速度就会降低，饲料利用率也会下降，因此要适时饲养。一般情况下，当生猪体重达到90~110kg时，是猪生长的最佳时期，也是饲料利用率最高的时期，因此适时出栏对经济效益影响也很大。

6. 猪场选址

生猪生产波动很大，但是近年来生猪市场行情较好，所以一些小规模的生猪养殖户也随之不断增多，这些养猪户大部分仓促上阵，场址选择不甚科学，在公路两旁或村庄内搭建临时猪舍，有的甚至利用破旧的房屋养猪。猪舍建筑结构与布局不合理，设备简陋，保温隔热性能差，湿度过大，通风不良，粪污随地排放，加上清扫不及时，不仅不能为生猪生长提供舒适的生活环境，而且夏天容易引起中暑，冬天易诱发感冒和传染性胃肠炎等疾病，无法充分发挥其生产潜力，导致生猪生产周期过长，造成人力、物力和财力的浪费。

二、外部因素

外部因素表现在国家和地方养猪发展政策、市场饲料价格和生猪价格的变化、人均收入水平及风险观念等。在实际生产中表现为：

1. 政策因素

有国家和地方政策扶持，在资金和土地方面给予支持，生猪产能将会显著增长。近年来，国家大力扶持生猪产业的发展，出台了能繁母猪补贴、母猪政策性保险、生猪良种补贴、标准化规模养殖场建设补助、生猪调出大县奖励等一系列扶持政策，全国大部分地区生猪存栏和出栏量明显增加。许多养殖户开始扩大规模，有的借助国家政策也新上一批养猪场,这种生产规模的迅速发展,出现一定的产能过剩,而消费量却增加较慢,因而导致猪价不稳,为养殖业的效益取得增加了风险,特别是没有得到国家资助的养猪场。

2.市场因素

市场因素包括饲料价格和猪肉价格,养猪的成本中饲料占65%左右,而饲料中玉米占的比例最大(为65%左右),因此玉米价格的变化对养猪业效益影响很大,如果玉米价格稳步走高,会提升养殖成本,挤压利润空间。在活猪价格方面,公认的猪粮比是6∶1,但是粮食价格的变化很快,猪的饲养又因生长期较长有明显的滞后,很难保持稳定的6∶1比例,这给养猪业也带来较大的风险。

3.人均收入水平

收入水平影响人们的生活水平,而肉蛋奶消费量是生活水平提高的一个重要标志。作为占肉类消费总量38%以上的猪肉,直接受人均收入水平的影响。近年来虽然我国人均消费连年增加,但是用于直接生活消费的却增长较慢,这种猪肉生产快速增长的实际和生产消费增长较慢的现状导致养猪效益呈波浪式发展,养猪效益不稳定。

4.市场与风险意识

大型猪场生产计划性很强,而小规模的养猪户由于计划性不强,都习惯把猪养到各个节前出售,这种观念导致肥猪集中上市,供大于求,势必引起肉价回落,减少收益;有的养猪户喜欢把猪养到120~140kg才出售,这些猪后期生长缓慢,饲料报酬低,不仅浪费了人工和饲料,而且一旦遇到突发疾病,损失惨重;还有一些养猪户缺乏风险意识,看到仔猪贵便盲目发展母猪,看到市场肉价上涨便盲目扩大商品猪生产规模,把握不了养猪业发展的市场规律,结果在仔猪价高和肉价高时养殖导致养多赔多、赔多又想赚回、又盲目上马的恶性循环。

第三节　肉猪生产市场预测

多年来,我国养猪业的发展是呈波浪式的,周期长短不一。多年猪价的波动基本上是遵循"猪少价高,利大多养,猪多价低,利小少养"的轨迹变化的,认真分析这种变化,预测未来发展对养猪经营具有重要作用。养猪者要适应市场需要获取养猪效益,必须对近年养猪情况进行分析,这样才能有效地减少损失、增加效益。

市场预测是一个比较复杂的系统工程,有关养猪生产的市场波动规律、价格走势和市场预测是许多生产经营者都觉得较难判断的事情。加上有时有些数据难以得到,因此市场预测只能靠经验和基本原理进行,下面介绍一些市场预测的基本知识,供养殖者参考。

1.市场预测的含义

市场预测是指在市场调查的基础上,利用各种信息资料,采用科学的方法进行分析研究,以推测未来一段时间内市场需求情况及发展趋势,为经营者确定生产目标和策略提供依据。

2.市场预测的主要内容

市场预测按时间划分:5年以上为长期,2~5年为中期,1~2年为短期,1年以内为近期。其内容是:产需预测(包括母猪存栏量、仔猪生产量、肉猪生产量、社会需求量的预测),供求状况预测,季节性

11

需求预测, 购买力投向预测等。对养猪企业来说需要掌握的资料很多, 归纳起来有以下内容:

(1) 市场供给发展变化

预测生产企业数量及生产能力发挥情况, 对于养猪来说就需要了解国家、地方及养猪企业在扩大再生产方面的投资情况和从投资到发挥生产能力的时间长短等因素。预测宏观决策对供给的影响, 猪肉的供给是各级政府保证民生的重要任务, 为了保证市场供需平衡和产业结构的合理, 经常出台一些调控政策, 这些政策将直接影响到猪肉的供给变化。

(2) 市场需求发展变化

这种变化是市场预测的最主要内容。由于影响市场变化的许多因素本身也在不断发展变化, 因此, 为预测市场变化常常需要对一些影响因素的变化加以预测, 其影响因素主要有:

第一是社会购买力的变化。包括社会集团购买力、城乡居民购买力、购买力转移, 对养猪业来说, 社会集团购买力影响较小, 主要表现在城乡居民的购买力。购买力转移是近年来社会购买力变化的重要方面, 因为随着人们生活水平的提高, 农村对猪肉的消费能力显著增加, 在市场预测时是需要考虑的重要方面。

第二是产品销售领域的变化。主要包括用户变化、市场区域变化和过节到普及变化。过去猪肉的用户城镇较多, 农村较少; 从市场区域看, 过去发达地区消费较多, 落后地区由于经济原因消费较少; 过去大部分农村是过节消费, 现在变为日常消费, 这些变化是需求预测的重要方面。

第三是消费结构与消费倾向的变化。消费结构即社会购买力比例变化, 如人们过去以粮食为主, 现在多食肉类, 从而减少粮食消费, 人们的饮食已从温饱型逐渐转变为营养保健型等。

（3）产品发展阶段和更新换代

过去人们认为脂肪型的猪肉较好,今天瘦肉型猪已成为人们追捧的对象。随着生活水平的提高,无公害猪肉、有机猪肉将进一步为人们所青睐,这种更新换代对市场预测也有重要意义。

（4）价格变动

养猪价格变化主要涉及产前和产后,产前主要是饲料、劳动力和药品价格变化,这部分变化涉及生产成本;产后主要涉及活猪以至于猪肉价格变化,这部分变化主要影响到销售数量及经济效益,其对安排生产极为重要。

（5）突发事件及国际贸易

养猪生产意外事件主要是指突发疫病,如前几年发生的猪流感,不但影响到猪的正常生产,更重要的是食品安全对人产生严重的影响,人们谈猪色变,一提到猪肉都敬而远之,国外市场限量进口,国内市场销售受阻,市场受到严重冲击。

3.市场预测的方法

开展市场预测,必须运用科学的方法,目前发达国家已经应用的各种预测方法有上百种,其中广泛使用的有十几种,这些方法可以划分为定性预测法和定量预测法两类。

（1）定性预测法

定性预测法是依靠预测者的知识、经验和对各种资料的综合分析,来预测市场未来发展变化趋势,其特点是简便易行,不经过复杂的运算过程,常见的有以下几种方法。

①个人经验判断法,预测者根据个人的经验和知识,通过对影响市场未来变化的各种因素进行分析、判断和推理来预测市场发展趋势,在预测者经验丰富、占有资料详尽和准确的前提下,采用这种方法可作出准确的预测。

②集体经验判断法,这是指预测人员邀请生产、财务、市场、销售等各部门负责人集体讨论,广泛交换意见,再作出预测的方法。由于预测参加者分属于各个不同的部门和环节,作出的预测往往较为准确和全面。

③专家调查预测法(又称德尔菲法),运用这一方法的程序是先确定预测目标和预测专家若干名,并将预测目标通知给专家,同时向专家提供所需的资料,要求每位专家提出哪些资料可用于该项目的预测。专家们接到通知后,根据自己的经验和知识作出初步预测,并说明其依据和理由,回寄给主持者,主持者对各种预测结果进行归纳整理,对不同的预测值注明理由和依据。再分别寄给各位专家,要求专家修改自己的预测。专家接到反馈意见后,通过分析各种预测意见和理由,提出自己的修改意见及理由,如此反复多次,直到专家们的意见趋于一致为止。这种预测方法的特点是由于专家之间互不联系可避免权威人士对预测者的影响,预测结果较为准确。

(2)定量预测法

定量预测法主要是依靠数学模型和数理统计的方法,将各种资料进行分析从而对市场变化作出预测。这类方法适用于历史资料准确、详尽、发展变化的客观趋势比较稳定的对象的预测。常用的方法有:

①简单平均法,如果产品的需求形态近似于平均形态或产品处于成熟期,可用此法进行预测,将过去的实际销售量序列数据进行简单平均,将平均值作为下一期的预测值。使用简单平均法预测销售量时期数的选择较为随意,不过经常选择之前的3~5期。计算公式如下:

预测销售量=过去各期实际销售之和/期数(n)

简单平均法将远期销售量和近期销售量同等对待，没有考虑到近期市场变化趋势，所以准确度较低，只宜用于短期预测。

②加权评价法，如果过去的实际销量有明显增长（或下降）趋势，则用此法，即逐步加大近期的实际销售量在平均值中的权数，然后予以平均，确定下期的预测值。计算公式通常有两种。

第一种：

$W = \sum C_i D_i / \sum C_i$

W——预测值（加权平均值）

D_i——i期销售量

C_i——i期销售量的权数

第二种：

若最近三期的权数总数为1，即$C_1 + C_2 + C_3 = 1$，则可设$C_1 = 0.25$，$C_2 = 0.25$，$C_3 = 0.25$。当然也可将权数等设为整数，则采用第一种算法。

③指数平滑法，此法是美国企业常用的预测方法之一。计算公式为：

$F_1 = a \times D_{t-1} + (1-a) \times F_{t-1}$

D_{t-1}——最近一期实际销售量

F_{t-1}——最近一期预测值

F_1——本期预测值

a为平滑系数（$0 \leq a \leq 1$）。系数的大小可根据过去的预测值与实际值差距的大小而定，即根据D_{t-1}与F_{t-1}差距来确定。预测值与实际值差距大，则a应大些；差距小，则a应小些。a愈小则近期的倾向性变动影响愈小，愈平滑；a愈大则近期的倾向性变动影响愈大。当a小于0.3时则比较平滑。

④一元线性回归法，一元线性回归法就是处理自变量（X）和因

变量(Y)两者之间线性关系的一种方法。其基本公式如下：

$Y=a+bX$

Y——自变量

a，b——回归系数

X——因变量

这两个变量之间的关系，将在a，b这两个回归系数范围内展开规律性的演变，因此，一是根据现有的实验数据和统计数据，寻求合理的a，b回归系数，从而确定回归方程，是运用回归分析的关键。二是利用已求出的回归方程中回归系数的经验值去确定X，Y值的未来演变，并与具体条件相结合，是运用回归分析的目的。

求出回归系数a，b的方法为：$b=(\sum X_iY_i-nxy)/(\sum X_i^2-n(x)^2)$

或 $b=(n\sum X_iY_i-\sum X_i\sum Y_i)/(\sum X_i^2-(\sum X_i)^2)$

$a=y-bx$ 或 $a=\sum Y_i/n-b\sum X_i/n$

4. 市场预测的程序

（1）选择预测目标

预测目标是指预测的具体对象的目标和指标，选择预测目标要明确预测活动的目的、时间、地区等。如果是短期预测，允许误差的范围小，而中长期预测误差可以适当大些。

（2）广泛收集资料

进行预测必须要有充分的市场信息资料，在选择、确定市场需求预测目标后，首要的工作是广泛地收集与本次预测对象有关的数据和资料，如饲料价格、生猪价格、生猪存栏量等，收集资料是市场需求预测的重要环节，收集资料越广泛、越全面，预测的准确程度就越高。

（3）选择预测方法

收集完资料后，要对这些资料进行分析、判断。常用的方法是利用现有资料列出表格,制成图形,以便直观地进行对比分析,观察市场活动规律。要寻找影响因素与市场需求预测对象之间的关系、分析预期市场的供求关系、当前消费需求及其变化、消费者心理变化趋势等。预测的方法较多,采用哪种方法要灵活掌握,一般情况下,掌握的资料少、时间紧、预测要求的准确性较低可用定性预测法,掌握的资料多、时间充分可用定量预测法。实际中应尽量采用几种不同的预测法,以便对结果进行验证对比。

(4)建立模型计算结果

将定量和定性的预测方法结合使用效果更好,定性的方法经过简单运算,可以直接得到预测结果。定量方法中要建立数学模型,用数学的方程式构建市场经济变量之间的函数关系,抽象地描述经济活动中各种经济过程、经济现象的相互联系,然后输入掌握的信息资料。运用数学求解的方法,得出初步的预测结果。

(5)结果评价

计算所得的结果要经过多方面的评价和检验,才能最终使用。检验的方法通常有理论检验、资料检验和专家检验。理论检验是运用经济学、市场学的理论和知识,采用逻辑分析的方法,检验预测结果的可靠程度。资料检验是重新验证、核对预测所依赖的数据,将新补充的数据和预测初步结果与历史数据进行对比分析,检验初步结果是否合乎事物发展逻辑,是否符合市场发展情况。专家检验是邀请有关专家,对预测初步结果作出检验、评价,然后综合专家意见,对预测结果进行充分论证。通过上述论证分析,最后得出论证意见,供领导决策。

第四节　肉猪经营方式的选择

有效管理和适应自身特点的肉猪饲养方式选择, 对养猪户和养猪场的经营管理人员具有重要作用, 要确保养猪的成功和盈利, 必须进行多方面考虑并按动物的生物学特性进行管理, 还要有可靠的信息和良好的经济准则做基础, 只有这样才能做好决策, 这些决策是基于饲养方式的选择。目前国内饲养方式主要有以下几种:

一、仔猪生产方式

仔猪生产方式是指断奶仔猪达到体重20~25kg, 销售给育肥者的生产方式。这种饲养方式, 7~8周龄即可出售, 资金周转快。比饲养育肥猪节省劳动力, 种群能保持封闭以保证良好的健康状况, 母猪和仔猪饲养技术要求高, 良好的技术和高素质的劳动者, 通过努力可以获得较高的效益。如果进行联合生产, 签订协议供猪, 效益相对稳定。不足之处是收益会随着仔猪市场价格和需求量的不同而有很大变化。尽管资金周转速度快, 但由于每头猪的利润较小, 因此现金流量减少。如果没有合同作保障, 市场变化可能导致价格降低, 从而难以保证饲养者合理的收益。由于仔猪从母体脱离后, 首先要适应环境变化, 在饲养过程中仔猪对外界环境适应性差, 疫病较多, 还易受市场行情的冲击。从长远来看, 由于收益不稳定, 可能导致负债经营, 甚至造成持续生产出现困难, 这就需要得到政策倾斜和国家资金的扶持。

二、育肥猪饲养方式

这种饲养方式是饲养者购买20kg或以上的仔猪,进行饲养,一直饲养到育肥能够出售上市。其特点为饲养过程简单,技术要求相对较低,易于起步,资金投入需要较少,周转较快,需要100~120d即可出栏,出现价格波动往往会引起政府重视,可采取一定价格保护措施。不足之处是如果没有协议,仔猪供应不稳定。仔猪是从多家购买的,有可能引发疫病危险。技术简单,一旦市场行情变好,饲养的人会很多,导致价格下降,出现波动。如果能获得优良而稳定的仔猪来源,有效地防止疫病发生,其饲养方式很可能是养猪业中最有利可图的。

三、全程饲养方式

这是将种猪饲养和配种、分娩产仔、育肥三个过程结合在一起的饲养方式。它克服了单独饲养仔猪或育肥猪的弱点。这种饲养方式的优点是:价格结构保证了价格的稳定性;从场外进猪的可能性较小,健康有所保证,即使买进猪也是从知道健康状况的猪群中购买的;可获得仔猪和育肥猪两方面的收益;有更大可能从改良方案中获益;每头猪的收益较高,不良市场波动对整个收益影响较小。不足之处是:需要更多的固定资产投入;需要更多的流动资金;需要较长的周期,开始15~17个月没有可观的收入;需要投入更多的时间和劳动;需要更加严格的科学管理。由于市场稳定和饲养者对猪种和猪群健康能较好地控制,因此全程饲养比仔猪饲养和育肥猪饲养更有效益,对劳动者要求提高了,劳动报酬也增加了。当需要补充新猪时,可从知道的健康猪群中购进。

四、种猪的饲养

种猪的饲养也是一种全程饲养类型,其目的是生产种猪并销售给其他养猪者。饲养的种猪可以是纯种的,也可以是杂交的,比如杂交一代。这种类型多在种猪公司繁殖场进行。(见表1-1和表1-2)

1. 纯种饲养方式

表1-1　纯种饲养方式的优点和缺点

优点	缺点
除了根据市场需求外,种猪售价没有统一的标准,因此高价出售很有可能,有时优良种猪可以卖很高的价钱; 培育种猪、改良品系,对饲养者来讲,具有较大的吸引力,种猪饲养者之间的交流增加了这项工作的趣味性,种猪展览和销售也可以使他们有机会离开日常工作一段时间,给单调的生活带来乐趣	由于缺乏杂种优势,纯种猪生产的仔猪不及杂交猪生产的仔猪多,因此出售总数可能较少; 需要投入时间和精力来进行系谱和性能记录,饲养者对这种工作有明显的喜好很重要; 种猪营销是很费时的; 种猪销售市场中的众多其他饲养者来查看种猪群,会带来疫病风险,没有安全的观察和销售的设施,健康危险很可能发生

2. 种猪繁育场

表1-2　种猪繁育场的优点和缺点

优点	缺点
种猪价格较高,市场有保证; 种猪公司技术上支持和帮助; 饲养优质种猪可以获得较好的回报	要花较多时间进行育种登记和选种; 纯种亲本的群体没有杂种优势,因此生产潜能明显降低

五、饲养者的选择

养猪是一项很苦和累的工作,也是一项很有趣的生产活动,要选择养猪,首先要做好受累受苦的准备,其次还要对其有兴趣和做好探索工作，第三是做好饲养方式等的选择。在选择项目前要考虑下列问题：

①你需要或期望获得的经济效益。

②你需要使用的劳动力和最大限度地使用资金，以及可用的资金。

③你的特殊专业技能和从事此项工作的能力。

④你有和某种特定类型的猪打交道的愿望。

⑤需要在养猪和其他活动之间合理安排工作。

在考虑上述问题后，对所具备的条件进行综合分析，然后作出决定，这样才能获得理想的效益。

第二章 肉猪的品种及杂交繁殖技术

第一节 肉猪的品种

猪的生产性能受遗传因素影响约占30%。要养好猪，获得好的经济效益，选择适合自己的优良品种至关重要，那些长得快、饲料报酬高、饲养成本低、肉质好、经济效益好的品种是我们养殖的首选。随着养猪业的快速发展，我国饲养猪的品种越来越多，地方品种、引进品种、培育品种及配套系在各地饲养很多。根据目前的饲养状况，在开始饲养前对品种进行较为系统的了解很有必要，现就目前常用品种介绍如下。

一、引进品种

1. 长白猪（Landrace）

长白猪原产于丹麦，世界各地均有分布，目前有丹系、美系等。我国已引入多年，由于其体躯较长，被毛全白，通常称长白猪。长白猪具有产仔多、生长速度快、饲料利用率高、胴体瘦肉率高等优点，但抗逆性差，对饲料营养要求较高。外形表现为被毛全白，皮肤可有少量暗斑；头小清秀，颜面平直，耳向前轻弯；体躯较长，前窄后宽呈流线型,背腰微弓,腹部平直,臀部丰满,肌肉发达,体质结实,有效乳头6对以上。初产母猪产仔9~10头,经产母猪产仔11~12头。育肥猪生后165~180日龄体重达100kg,饲料转化率(2.8~3.0):1,胴体瘦肉率63%~65%。长白猪在杂交中多作第一父本或母本利用。

2. 大约克夏猪(Yorkshire)

大约克夏猪原产于英国,世界各地均有分布。我国已引入多年,由于其体型大,被毛全白,亦称大白猪。大约克夏猪具有产仔多、生长速度快、饲料利用率高、胴体瘦肉率高、肉色好、适应性强等优点。外貌表现为体型高大,被毛全白,皮肤有少量暗斑;头颈较长,面宽微凹,耳向前直立;体躯长,背腰平直或微弓,腹线平,胸宽深,后躯宽长丰满,有效乳头6对以上。初产母猪产仔9.5~10.5头,经产母猪产仔11.0~12.5头。育肥猪生后160~175日龄体重达100kg,饲料转化率(2.7~3.0):1,胴体瘦肉率62%~64%。大约克夏猪在杂交中多作第一父本或母本利用。

3. 杜洛克猪(Duroc)

杜洛克猪原产于美国,世界各地均有分布,我国已引入多年。杜洛克猪具有生长速度快、饲料利用率高、胴体瘦肉率高、胴体品质好、适应性强等优点。外形特征为皮毛棕红色,少数为浅棕色至深棕色不一,体侧或腹下有少量小暗斑点;头部较小,脸面微凹,耳中等大小,耳尖部前耷;体躯宽深,背呈弓形,四肢粗壮,蹄壳黑色,腿臀肌肉发达丰满,有效乳头6对以上。初产母猪产仔8.0~9.0头,经产母猪产仔10.0~11.0头。育肥猪生后165~175日龄体重达100kg,饲料转化率(2.8~3.0):1,胴体瘦肉率63%~65%。杜洛克猪在杂交中多作终端父本利用。

4. 巴克夏猪(Berkshire)

巴克夏猪原产于英国巴克郡和威尔郡。1860年成为品质优良的脂肪型猪,1900年德国人曾输入巴克夏猪饲养于青岛一带。我国早期引进的巴克夏猪,体躯丰满而短,是典型的脂肪型猪种。20世纪60年代引进的巴克夏猪体型已有改变,体躯稍长而膘薄,趋向肉用型。外形特征耳直立稍向前倾,鼻短、微凹,颈短而宽,胸深长,肋骨拱张,背腹平直,大腿丰满,四肢直而结实。毛色黑色,有"六白"特征,即嘴、尾和四蹄白色,其余部位黑色。生产性能:产仔数7~9头,初生重1.2kg,60d断奶重12~15kg。肉猪体重由20~90kg,日增重487g,每千克增重耗混合精料3.79kg。成年公猪体重230kg,成年母猪198kg。具有体质结实,性情温驯,沉积脂肪快,但产仔数低,胴体含脂肪多的特点。巴克夏猪输入我国已有90多年历史,经长期饲养,在繁殖力、耐粗饲和适应性上都有所提高。用巴克夏公猪与我国本地母猪杂交,体型和生产性能都有明显改善。但瘦肉率和饲料利用率稍低,其杂种猪在国内山区仍受群众喜爱。

5. 汉普夏猪(Hamplhire)

原产于美国肯塔基州,由薄皮猪和白肩猪杂交选育而成,为世界著名瘦肉型品种。具有抗逆性强,眼肌面积大,胴体品质好,瘦肉多,背膘薄等优点,但产仔数较少,饲料报酬稍差,与其他的瘦肉品种猪相比,生长速度较慢。外貌表现为被毛黑色,在肩和前肢有一条白带,故称"银带猪"。嘴较长直,头中等,大耳直立,体躯较杜洛克猪稍长。背宽大略呈弓形,体质强壮,肌肉发达。成年公猪体重315~410kg,成年母猪体重280~340kg。性成熟较晚,母猪一般在6~7月龄,体重90~110kg时开始发情,发情期持续2~3d,发情周期19~21d,妊娠期112~116d,初产仔数7~8头,经产仔数8~9头。生长育肥猪180日龄,体重达95kg以上,胴体瘦肉率64%以上。

6. 皮特兰猪(Pietrain)

皮特兰猪产于比利时,由法国的贝叶杂交猪与英国的巴克夏猪进行回交,然后再与英国大白猪杂交育成。主要特点是瘦肉率高,后躯和双肩肌肉丰满。外貌特征:毛色呈灰白色并带有不规则的深黑色斑点,偶尔出现少量棕色毛。头部清秀,颜面平直,嘴大且直,双耳略微向前;体躯呈圆柱形,肩部肌肉丰满,颈与四肢较短,背直而宽大。体长1.5~1.6m。生长迅速,在较好的饲养条件下6月龄体重可达90~100kg。日增重750g左右,每千克增重消耗配合饲料2.5~2.8kg,屠宰率76%,瘦肉率可高达70%。

二、我国地方品种（见表2-1）

表2-1 我国肉猪地方品种

品种	品种形成与特点	产地分布	毛色	产仔数（头）	成年体重（kg）		日增重（g）	瘦肉率（%）	优缺点
					公猪	母猪			
太湖猪	由二花脸、沙头乌猪、枫泾猪、梅山猪、嘉兴黑猪等1974年统称归并，统称大湖猪	分布于长江中下游，以江苏、浙江和上海交界的太湖流域	全身被毛黑色或青灰色	为世界猪中最高者。头胎12.14，二胎14.48，三胎以上15.83	梅山猪192.56，嘉兴黑猪128.28	梅山猪172.84，嘉兴黑猪102.9	332~444	39.92~45.08	繁殖能力强，肉色鲜红，肌肉脂肪多，肉质好；但生长慢，瘦肉率低，皮比例高
内江猪	具有适应性强和一般配合力高的特点	主产于四川省的内地地区	被毛全黑，鬃毛粗长	头胎9~10，三胎以上10~11	169	155	410~662	32.8~38.2	适应性强，与北方猪种杂交配合力好；但屠宰率低，皮较厚

续表

品种	品种形成与特点	产地分布	毛色	产仔数（头）	成年体重（kg）		日增重（g）	瘦肉率（%）	优缺点
					公猪	母猪			
八眉猪	头狭长，耳大下垂，额有纵行"八"字皱纹，故称八眉猪	主要分布于甘肃、宁夏、陕西、青海、新疆等省区	被毛黑色	头胎6.4，三胎以上12	104	80	458	50	适应性强，繁殖性能中等偏上
荣昌猪	品种形成已有300年以上历史，在明末清初，广东、湖南移民到四川，白猪也随着引入到荣昌	产于四川的荣昌和隆昌两县，分布于附近十余个县市	除两眼周围或头部有大小不等的黑斑外，均为白色	初产8～9，经产11~12	98	87	488~623	42~46	适应性强，繁殖率较高，肉质优良；但生长较慢
金华猪	肉质好，适宜腌制火腿和腊肉，以金华火腿为著名	原产地浙江省金华地区的东阳、义乌和金华、永康等县	头颈和臀尾为黑皮黑毛，体躯中间为白皮白毛，因此称之为两头乌猪	头胎10.5，三胎以上13~14	112	97	460	43.4	繁殖力强，皮薄骨细，肉品质好；但初生重小，生长较慢，饲料利用率低

续表

品种	品种形成与特点	产地分布	毛色	产仔数(头)	成年体重(kg) 公猪	母猪	日增重(g)	瘦肉率(%)	优缺点
民猪	由山东、河北移民带当地猪到东北三省和华北部分地区,与本地猪杂交,经长期选育逐渐形成	产于东北三省和华北部分地区	被毛全黑,毛密而长,猪鬃较多	头胎11,四胎以上13.5	195	151	458	90kg为46.03	抗寒能力强,体质强健,产仔较多,脂肪沉积力强,肉质好,但皮厚,后腿肌肉不发达,增重较慢
大花白猪	由中原地区移民南迁带到华中地区,大耳型猪与广东原来的小耳型猪杂交育成,对南方高温多湿气候适应性强	产于珠江三角洲与粤北山区,粤东丘陵山区共42个县市	被毛黑白花,头、臀部有黑斑,四肢及腹、背部及体侧有黑斑	初产11,三产以上14	133	111	519	43.2	繁殖力强,早熟易肥,肉质好;但瘦肉率低

续表

品种	品种形成与特点	产地分布	毛色	产仔数（头）	成年体重（kg）		日增重（g）	瘦肉率（%）	优缺点
					公猪	母猪			
两广小花猪	由广西陆川猪、公馆猪和广东而广花猪合并统称两广小花猪	产于广西陆川、玉林、合浦和广东高州、化州、郁南等地	头、耳、背、臀、腰为黑色，其余均为白色	初产8～9，经产10～12	103.2	81.0	285~328	37.2	早熟易肥、耐粗饲，适应性强；但生长慢，腹大拖地，脂肪多
海南猪	将原产于海南岛的临高猪、文昌猪、屯昌猪于1983年统一命名为海南猪	分布于海南岛全境	头、额、背、臀至尾部为黑色，黑色部分占全身1/3，其余部分为白色	文昌猪7.8，临高猪11.11	98	94.3	363	38.5	早熟易肥，耐热、耐粗饲；但体型小，生长慢，脂肪多
中国实验用小型猪	北京农业大学引进贵州、广西的小型香猪培育而成，1999年正式定名为中国实验用小型猪	产于贵州与广西接壤处、中心产区在从江县和环江县	被毛全黑	5~6	20~30	30~40	120~150		抗逆性强、健康无病，是实验用的理想动物；但体型小，生长慢

三、我国培育品种（见表2-2）

表2-2 我国培育的肉猪品种

品种	产地分布	培育过程	体型外貌	成年体重（kg） 公猪	成年体重（kg） 母猪	产仔数（头）	日增重（g）	膘厚（cm）	瘦肉率（%）	优缺点
哈尔滨白猪	黑龙江省南部和中部地区	1986年曾用俄国猪杂交，以后又引入大约克夏、巴克夏与当地猪杂交，形成białe色杂种猪群。1958年从苏白公猪回交的二代白杂种猪中选育杂种猪中选育而成	体型较大，两耳直立，额面微凹，背腰平直，腹大不下垂，腿臀丰满，四肢强健，体质结实，毛白色	222.1	176.5	初产9.4，经产11.3	587	5.05	45.05	耐寒、耐粗饲，肥育期生长快，繁殖性能好，但外观特征变异大，脂肪偏多
北京黑猪	产于北京双桥农场和新北郊农场，吉林黑竹猪，分布于京郊各区、县	是在巴克夏、中约克夏、苏联大白猪、金猪、吉林黑猪、高加索猪等与华北本地猪进行广泛杂交的猪群中，选留黑色种猪培育而成	体质结实，结构匀称，头大小适中，两耳向前上方直立或微凹，面微立，额颏较宽，背腰较平直且宽，四肢健壮，腿臀较丰满，全身被毛黑色	362	220.3	经产11.52	610	3.50	51.48	体形较大，与长白、大约克夏和杜洛克猪杂交效果良好；但瘦肉率不高，体型一致性稍差

续表

品种	产地分布	培育过程	体型外貌	成年体重（kg）公猪	成年体重（kg）母猪	产仔数（头）	日增重（g）	膘厚（cm）	瘦肉率（%）	优缺点
上海白猪	产于上海市郊的上海和宝山两个县区	由外侨带来一些白色猪与当地太湖猪经长期无计划的复杂杂交形成的白色杂种猪群，新中国成立后引入中约克夏猪和苏白猪经多年选育而成	体型中等偏大，体质结实，头面平直或微凹，耳中等大略向前倾，背宽，腹大，腿臀大，腿臀丰满，被毛白色	258	177.6	经产12.93	615	3.69	52.49	瘦肉率较高，生长较快，产仔较多；但部分猪后腿欠丰满，青年母猪初配较难掌握
三江白猪	产于黑龙江东部合江地区及附近	由民猪和长白猪杂交选育而成	被毛全白，毛丛稍密，头轻嘴直，两耳下垂或稍前倾，背腰平直，腿臀丰满			12.3	663	3.44	57.86	繁殖力较强，耐寒，适应性较强，肉质良好

四、配套系

配套系是指由两个以上专用化品系,采用固定的杂交模式所生产的杂种猪。

1. 迪卡猪

是美国迪卡布(DEKALB)公司推出的4系"杂优猪"(Hrbrid)。A系为父系的父系,B系为父系的母系,C系为母系的父系,D系为母系的母系;A系♂×B系♀得到AB♂,C系♂×D系♀得到 CD♀,AB♂×CD♀得到 ABCD ♂♀。用于育肥,生产商品瘦肉猪。这种杂交配套模式,是经过配合力测定而确定下来的,不可随意改变。

迪卡配套系1991年引入我国,具有典型的方砖形体型,背腰平直,肌肉发达,腿臀丰满,结构匀称,四肢健壮,体质结实,产仔数多。其商品代猪具有生长速度快、饲料利用率高、胴体瘦肉率高、肉质好、抗应激等特点。初产母猪产仔11.7头,经产母猪产仔12.5头;商品代猪达90kg,体重日龄小于150d,饲料转化率2.8∶1,屠宰率74%,胴体瘦肉率大于60%。

2. PIC猪

PIC配套系是利用长白、大白、杜洛克、皮特兰四大瘦肉型猪,导入我国太湖猪和英国维耳夫猪的高产仔猪基因,形成专门化品系后进行最优化组合培育而成。其中最著名的是康贝尔父母代种母猪,PIC各品系都是合成系,具备父系和母系所需要的不同特性。A系瘦肉率高,不含应激基因,生长速度较快,饲料转化率高,是父系父本;B系背膘薄,瘦肉率高,生长快,无应激综合征,是母系的祖代父本;C系生长速度快,饲料转化率高,无应激综合征,是母系的祖代母本;D系瘦肉率较高,繁殖性能优异,无应激综合征,是母系父本或母本;E系瘦肉率较高,繁殖性能特别优秀,无应激综合征,是母系母本或父本。

PIC配套系原产于英国,引入我国多年。其商品代猪具有生长速度快、饲料利用率高、胴体瘦肉率高、肉质好、抗应激等特点。商品代猪155日龄体重达100kg,饲料转化率(2.6~2.65):1,100kg背膘厚16mm,屠宰率73%,胴体瘦肉率65%~67%,肉质优良。

3. 斯格猪

原产于比利时,是由比利时长白、英系长白、荷系长白、法系长白、德系长白及丹麦长白猪育成。根据原产地介绍,斯格猪是同一品种的不同品系间交配所育成的品系杂优种,其父系是比利时长白猪,母系是丹麦、德国、荷兰等长白猪,商品群是用父系的公猪和母系的母猪杂交而成。斯格猪的胴体瘦肉率高达63%~65%,是专门化品系杂交育成的超瘦肉型猪。该种猪于1981年开始从比利时引入我国。其外貌特征与长白猪极为相似,毛色全白,耳长大、前倾、头肩较轻,体躯较长,后腿及臀部肌肉十分发达,四肢比长白猪粗短,嘴筒也不像长白那样长。父系种猪背呈双脊,后躯及臀部肌肉特别丰满,呈圆球状。种猪性情温顺。生产性能:斯格猪生长迅速,4周龄断奶重6.5kg,6周龄重10.8kg,10周龄体重达27kg,170~180日龄体重可达90~100kg。初产母猪产活仔数平均8.7头,初生体重平均1.34kg。经产母猪产仔数10.2头,仔猪成活率达90%。商品代猪日增重750~800g,饲料转化率(2.6~2.8):1,胴体瘦肉率64%~65%。

第二节　肉猪的选择及杂交组合

猪的遗传改良方向是由市场决定的,市场用较高的利润来激励猪的遗传改良，不论是育种者还是商品生产者，都必须朝着市场方向努力。品种不同表现出遗传多样性，任何交配后代都有来自双亲的不同基因对组合，这种组合既有超过亲本品系的后代，又有低于亲本品系的后代，因此准确地评价期望性状以选择遗传上优于亲本的种猪很有必要，这就要求在生产中认真仔细地选择后备公猪和后备母猪。

一、种公猪的选择

公猪在肉猪生产中具有很重要的作用，一头公猪可以配20多头或更多的母猪，这些母猪随后可以产生数百头仔猪，所以选择优良公猪很重要。

1. 性能及发育选择

猪的生长速度、饲料转化率和背膘厚度具有中等到高遗传力的性状，要选择这方面的性状，即测定公猪在标准体重100kg时的性能，选择具有高性能指数的公猪。

2. 外形要求

四肢结实健壮，无卧系，后躯肌肉发达，行动灵活，步伐开阔，站立或行走时无内外八字形，体躯长，颈部坚实，无垂肉，肩部平整，胸部宽深，腹部不松弛下垂，肩背腰部结合良好。背部宽平，大型猪允许稍微弓背。腿臀部肌肉发达，睾丸发育良好、左右匀称。单睾、隐睾或疝症均不能作种用。乳头排列整齐均匀，发育正常，不少于12个或各品种特征规定的最少乳头数。

3. 选择时间

首先是窝选，在2月龄时选，就是选留大窝中的好个体，窝选是在父母亲都是优良个体的相同条件下，从产猪头数多、哺育率高、断奶和育成窝重大的窝中选留发育良好的仔猪；其次是淘汰选择，在4月龄时选，主要是淘汰生长发育不良或者是有突出缺陷的个体；

第三是性能选择,在6月龄时选,根据猪各组织器官发育情况,选择优点更加突出的个体;第四是配种前选择,后备猪在初配前进行最后一次挑选,淘汰性器官发育不理想、性欲低下、精液品质较低的后备公猪。

二、后备母猪的选择

母猪在肉猪生产中主要是生产仔猪,满足育肥需要的肉猪猪源。选择母猪主要应该做到:体质结实,易受精和受胎,产生大窝仔猪,能哺乳全窝仔猪,在背膘和生长上有良好的遗传素质。

1. 性状及发育选择

母猪选择应注重身体状况、乳房发育程度和生产性能。身体结实可从遗传学和环境应激能力去评价。由于身体畸形可以遗传给后代,所以选择时不能有畸形性状;肢蹄结构对选择母猪也很重要,因为母猪不但要长期在水泥地面站立,而且在交配时要支撑公猪的体重,所以选择时尤为重要;生产性能,包括胴体品质和生长速度等。母猪应当具有比猪群平均水平更高的胴体品质和生长速度。

2. 外形要求

头颈较轻而清秀,下颚平整无垂肉,肩部与背部结合良好,背腰平直,肋骨开张,臀部平直,肌肉丰满,尾根高,四肢结实、短而强健,行动灵活,步伐开阔,无内外八字形。乳头排列整齐均匀,无瞎乳头、翻乳头或无效乳头,至少应有6对发育正常的乳头;外生殖器官无损伤。

3. 选择时间

参照后备公猪的选择。

外购种猪,要求供种场提供该场免疫程序及所购种猪免疫接种情况,并注明各种疫苗注射的日期,所购种猪耳号要清晰,纯种猪应打上数字耳牌；要索取种猪测定资料和种猪二代系谱及出场证，并由兽医检疫部门出具检疫合格证、消毒证和非疫区证明，最好和引种场签订销售合同。

三、选配及杂交组合

考虑到交配公母猪之间亲缘关系的程度，可以从近交到杂交进行选配。一般而言，近交降低繁殖和生产性能，对窝产仔数和存活力降低最大；其次是增重速度、饲料效率；最后是胴体性状。与性状遗传相反，诸如背膘厚度这些高遗传力性状，表现出较小的近交效应，而窝产仔数这类低遗传力性状却会受到严重影响。已经查明近交降低窝产仔数大约1.1头，因为它会对繁殖和生产性能产生影响，所以并不提倡近交。杂交是指不同品种或品系间杂交所生产的杂种猪。杂交猪比亲本纯种猪具有繁殖力强、生长速度快、饲料利用率高、抗逆性强、容易饲养等优点，下面介绍几种常用的杂交方法，供生产参考。

1. 二元杂交

二元杂交猪是指两品种杂交所生产的一代杂种猪。利用杜洛克、长白、大白等优良瘦肉型猪进行二元杂交，生产杜长、杜大、长大、大长等二元杂交猪。其杂交模式如下：

杜洛克♂×长白（或大白）　　　　♀长白（或大白）♂×大白（或长白）♀

↓　　　　　　　　　　　↓

杜长（或杜大）　　　　　　　长大（或大长）

利用杜洛克、长白、大白等优良瘦肉型公猪与本地母猪进行二元杂交，生产杜本、长本、大本等二元杂交猪，其杂交模式如下：

杜洛克（或长白、大白）♂×本地♀

↓

杜本（长本、大本）

2. 三元杂交

三元杂交猪是指两品种杂交所生产的一代杂种母猪，选留其中优秀个体，再与第三品种公猪杂交所生产的二代杂种猪。

利用杜洛克、长白、大白等优良瘦肉型猪进行三元杂交，生产杜长大、杜大长等三元杂交猪。其杂交模式如下：

长白（或大白）♂×大白（或长白）♀

↓

杜洛克♂×长大（或大长）♀

↓

杜长大（或杜大长）

利用杜洛克、长白、大白等优良瘦肉型公猪与本地猪进行三元杂交，生产杜长本、杜大本等三元杂交猪。其杂交模式如下：

长白（或大白）♂×本地♀

↓

杜洛克♂×长本（或大本）♀

↓

杜长本（或杜大本）

第三节　肉猪的繁殖

一、公猪的繁殖生理

1. 种公猪生殖器官

种公猪生殖器官由主性器官（睾丸）、输精管道（附睾、输精管和尿生殖道）、副性腺（精囊腺、前列腺和尿道球腺），以及外生殖器及附属部分（阴茎、包皮和阴囊）四部分组成（见图2-1）。

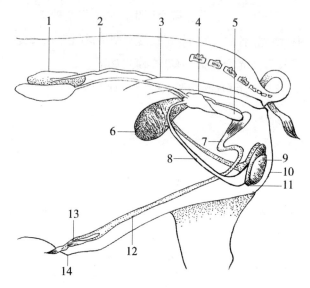

图2-1　公猪的生殖器官

1.肾；2.输尿管；3.直肠；4.精液囊；5.尿道球腺；6.膀胱；7.尿道；

8.输精管；9.睾丸；10.阴囊；11.附睾；12.阴茎；13.龟头；14.包皮

（1）睾丸

睾丸是公猪的主要生殖器官，主要产生精子和生殖激素。作为精子生产器官，其生精能力随性成熟、健康状况、环境及公猪的遗传不同而有差别，一般公猪每天产生精子约160亿个。

（2）附睾

附睾是精子发育、成熟和贮藏的地方，也是运送精子到睾丸外的运输器。公猪射精前的精子就贮藏在附睾的尾部，附睾尾部管腔较大，可贮藏精子达2000亿个。

（3）输精管和尿道

在配种时精子通过输精管进入尿道,在尿道精子与副性腺分泌的精清等混合,形成精液。

(4)副性腺

猪的三组副性腺比其他家畜都发达,尤以精囊腺和尿道球腺最为发达。猪射精量远远高于其他动物就是这个原因。

(5)阴茎

成年公猪的阴茎伸长时可达50cm,阴茎的顶端尖锐并呈逆时针方向螺旋状捻转,它在交配时锁住子宫颈,便于将精液输入到子宫。

2. 公猪的精子发生

公猪一旦性成熟,其精子产生便连续不断,直至性功能衰退。精子是在睾丸的曲精细管内生成的,活动型精原细胞经有丝分裂增数,形成初级精母细胞。初级精母经减数分裂成为单倍体的次级精母细胞。次级精母细胞经过变态,成为头尾分明形似蝌蚪的精子,这一过程称为精子的发生。精子的形成和成熟过程需要42~45d。在曲精细管内形成的精子通过直细精管、睾丸网到睾丸输出管进入附睾。在附睾中脱去原生质小滴,完善膜结构,获得负电荷,贮存于附睾中。这个过程需要9~12d。所以,同一批精子从发生到交配射出体外,大约需要两个月。在生产实践中,采用外环境条件(包括温度、光照、营养等)来改善精液品质和生精能力,需要两个月后才能见到效果。不良条件,如营养、环境温度、应激或疫病都有可能影响精液的品质导致暂时不孕,比如由睾丸的温度达到35℃以上引起的温度应激可预期表现出受精力降低,可以延至应激结束后6周。应激如果延长或严重,可能造成永久不育。

二、母猪的繁殖生理

母猪的生殖是一个涉及全身的复杂过程,生殖系统本身包括两个卵巢和输卵管及子宫、阴道和阴门（见图2-2）。卵子从输卵管排出，并被输卵管喇叭口接住，再受精，在子宫内受精卵发育成胚胎，然后发育成胎儿，最后从子宫中出来通过阴道和阴门产出新生仔猪。

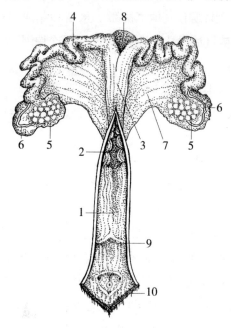

图2-2 母猪的生殖器官

1.阴道；2.子宫颈管；3.子宫体；4.子宫角；5.卵巢；

6.输卵管；7.子宫阔韧带；8.膀胱；9.尿道外口；10.阴唇

1. 母猪的生理器官

（1）卵巢

卵巢主要是产生卵子和激素，其形态和大小随年龄和繁殖生理状态有很大变化。初生仔猪似肾形，表面光滑。性成熟后，有多个卵泡发育，每次发情，10~25个卵子在卵巢表面发育成充满液体的水泡样卵泡，在排卵时破裂释放出卵子。

（2）输卵管

输卵管是成对的弯曲的管道，主要是输送卵子从每一侧卵巢到对应的子宫角，通常还是卵子和精子受精的场所。输卵管长25~30cm。输卵管子宫端与子宫角连接开口处有乳头状黏膜突起，起控制进入输卵管精子数的作用。

（3）子宫

子宫是由两个子宫角、一个子宫颈和一个子宫体组成，猪是多胎动物，胎儿主要孕育在子宫角中，所以母猪的子宫角比其他任何一种家畜都长，为90~150cm。子宫壁由一个黏膜层和一个中等平滑的肌肉层和外浆液层组成。子宫平滑肌的蠕动在运送精子至受精部位及分娩期间的排出方面起重要作用。子宫颈较长，可达10~18cm，内壁有半月状突起，彼此交错，发情时子宫颈开口度放大，分泌物增多且稀薄，所以猪人工授精可用橡皮胶管或塑料软管作输精管，易于插入到子宫体内。

（4）阴道和外生殖器

母猪阴道较短，为10~15cm。既是交配器官，又是胎儿分娩的通道。阴道的生化和微生物环境随生殖机能阶段不同而发生变化，起到保护子宫内环境不受微生物侵害的作用。阴道前庭（从尿道开口处起到阴门裂）前高后低，黏膜下层有大小前庭腺，发情时分泌物增多而显得湿润，对阴道以内的生殖道也起保护作用。阴蒂相当于公畜的阴茎，含有勃起组织，血管神经分布丰富，母猪发情时充血肿胀，黏膜发红，十分敏感，是母猪发情鉴定的重要部位。

2.母猪的发情与发情周期

（1）母猪的发情与发情期

初情期是母猪生殖器官首次变得有发情功能的时期，青年母猪的初情期与年龄有关，正常的200d，最短的135d，也有迟至250d的。

母猪的发情,性成熟后的空怀母猪会周期性地出现性兴奋(鸣叫、减食、不安、对环境敏感等)、性欲要求(安静接受公猪爬跨交配)、生殖道充血肿胀、黏膜发红、黏液分泌增多、卵巢上有卵泡发育成熟和排卵现象,把这种现象称之为发情。

发情周期,从这一次发情开始到下一次发情开始的间隔时间称为发情周期,母猪的发情周期为21d(18~23d)。发情期,通常情况下把发情外观症状的出现到外观症状的消失称为发情期(或发情持续期)。若以母猪安静接受公猪爬跨为标准,则从安静接受爬跨至拒绝爬跨所持续的时间为发情期。猪发情持续时间为48~72h。初产母猪发情期较长,老龄母猪发情期较短。母猪发情周期和卵巢变化周期见图2-3。

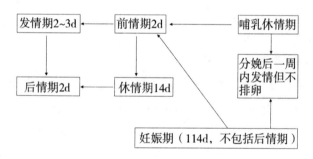

图2-3 母猪发情和卵巢周期的交替

根据母猪发情期内的外观症状,可以把它分为四个时期:发情前期、发情期、发情后期、休情期。

①发情前期。猪出现神经征象或外阴部开始肿胀到接受公猪爬跨为止,母猪表现鸣叫不安、爬圈、食欲开始减退、阴户开始肿胀、黏膜粉红及微湿润等。持续大约2d。

②发情期。表现更兴奋不安,鸣叫,食欲下降甚至拒食,在圈内起卧不安,爬圈或爬跨同圈母猪,或其他母猪爬跨发情母猪。接

受公猪或同圈母猪爬跨。阴户肿胀度减退，出现皱裙样，黏膜颜色紫红或暗红，黏液变稠。持续40~70h。排卵发生在这个时期的最后1/3时间，当出现按压母猪腰背部，母猪表现安静不动时，是配种的最佳期。

③发情后期。从拒绝公猪爬跨到发情征象完全消失为止，生殖器官和精神状态恢复正常，交配欲望消失，不让公猪接近。

④休情期。从这次发情征象消失到下次发情征象出现的时期。黄体发育成一个有功能的器官并产生大量的孕酮，进入身体的总循环并影响乳腺发育和子宫生长。

（2）母猪的异常发情与产后发情

①母猪的异常发情。由于饲养管理不当或环境条件异常或某些微量元素、维生素不足等原因，常导致出现异常发情。主要有以下几种表现：

第一，静默发情。母猪发情无明显的外观症状，但卵巢上却有卵泡发育成熟和排卵，这种现象称静默发情。对这种母猪要认真仔细观察，尤其是观察前庭部黏膜颜色变化、阴蒂的肿胀度变化等。其次，是母猪对试情公猪的反应。一旦观察到出现发情症状，应及时输精配种，防止漏配。

第二，断续发情。母猪发情时断时续，无固定周期和稳定持续期。出现断续发情直接原因是卵巢机能障碍，导致卵泡交替发育，当发育到一定程度又萎缩退化。一般通过改善饲养管理，辅以激素治疗可以恢复正常。

第三，慕雄狂。表现为持续、强烈的发情行为。经常爬跨其他母猪，多次配种也难受孕。其原因多与卵泡囊肿有关。

第四，孕后发情。少数母猪受孕后仍有发情现象。出现在配种妊娠后的20~30d内。常常是因为黄体分泌的孕酮水平偏低，胎盘产生的雌激素过多所致，但其发情的外观表现不及正常发情明显，也不排卵。应注意鉴别诊断，防止误配导致流产。

②产后发情。母猪的产后发情是指母猪分娩后的首次正常发情。体况良好的母猪，分娩后一周左右有一次发情过程，但这次发情仅有外观症状而无卵泡成熟和排卵。由于母猪产后均为自然哺乳，影响了促性腺激素的正常分泌。只有在断奶后一周左右出现的发情才是正常发情。因此，为了缩短产仔间隔，增加母猪的年产窝数，提早断奶是十分必要的。

三、母猪排卵与配种

1. 母猪排卵

排卵是指卵泡发育成熟后破裂释放卵子。母猪排卵是在高潮期稍后的一段时间内实现的，即性欲出现后24~36h开始排卵，一次发情期排卵数可达20~30枚。排卵是一个连续的过程，从第一枚卵子排出到所有卵子排完需要2~7h，平均4h。

2. 配种

配种分为本交和人工授精，本交又有自由交配和人工辅助交配。自由交配即公母猪直接交配。人工辅助交配先把母猪赶入交配地点，然后再赶进公猪，待公猪爬跨母猪时，配种员将母猪的尾巴拉向一侧，使阴茎顺利插入阴户中。人工授精就是将采集的精液稀释保存后，在母猪发情时人工输入，在随后的章节中有详细介绍。

配种时间与受精率有很大的关系，发情前一天（静立发情）配种的母猪受精率为10%，发情第一天配种的母猪受精率为70%，在发情第二天配种母猪受精率为98%，在发情第三天配种母猪受精率为15%。因此在发情的第二天配种最好。

四、母猪的妊娠

母猪的妊娠可分为三个阶段：附植前、胚期和胎期。

1. 附植前

妊娠的头两周，受精卵从输卵管移到每个子宫角，在那里它们自由地运动到第12d，从第12~18d，合子自动分开，定植到各自在子宫中的最后位置上（附植）。在这种情况下，如果少于4个卵子的存活则黄体将退化，母猪将再次发情。只产一头仔猪的情况有可能是其他胚胎在关键时期（12~18d）还是存活的，但以后死亡了，猪胚胎死亡损失相当高，大部分发生于附植前这一阶段。这些高损失的原因尚不清楚。

2. 胚期

这个时期持续到妊娠的3~5周，这个时期器官和身体各部分初步形成，外胎膜（胎衣）形成，并用来滋养和保护胚胎，膜与子宫壁紧密相连，养分和氧气通过膜运送到胚胎，废物也通过膜排出。大多数先天畸形，如裂腭和锁肛就是在这个时期由于发育阻碍而形成的。

3. 胎期

胚胎从36d开始，这时每个胎儿的性别变得可以识别，骨骼构架开始形成，一直持续到大约114d出生，胎儿形成自己的免疫能力以抵抗轻度的感染。与死胎不同，死亡的胎儿很少被重吸收。相反，它们发生木乃伊化，在出生时具有黑褐色或黑色皮肤及凹陷的眼睛。

胚胎的死亡第一个高峰期是附植前，死亡率20%~25%，影响因素有雌激素和孕酮之间的配合不好、妊娠母猪饲料中能量过高、连续高温的应激、冰冻霉变的饲料、大肠杆菌和白色葡萄球菌引起的子宫感染等；第二个高峰期为妊娠后第3周，胚胎死亡率10%~15%，主要是胚胎争夺胎盘分泌的营养物质，在竞争中强者存弱者亡；第三个高峰期是妊娠至60~70d，死亡率5%~10%。

五、母猪的接产

1. 产前准备

母猪产前5~10d要对产房进行消毒，可利用3%~5%石炭酸、2%~5%来苏尔或2%~3%烧碱水消毒，围墙可用20%石灰水粉刷，完成后将母猪提前赶入猪舍使其适应。工厂化生产应提前1周将母猪赶入产房，对母猪进行全身冲洗，清除腹部、乳房及阴户附近的污物，并用2%~5%来苏尔消毒。

2. 产前征兆

母猪产前主要征兆为：行动不安，起卧不定，食欲减退，乳房膨胀、具有光泽、能挤出奶水，频频排尿等。

3. 接产技术

接产前接产人员要将指甲剪短，用肥皂水洗净手，准备毛巾或纸片，并保持产房安静。然后按下列程序进行接产：

①仔猪落地后，马上将仔猪口鼻部的黏液擦干净，防止堵塞口鼻影响仔猪呼吸。然后再仔细擦干仔猪身体，北方寒冷地区冬天最好用火烘干，以免因水分蒸发使仔猪体温下降导致疫病。

②将脐带内的血液向仔猪腹部方向挤压，然后在距离腹部4cm处把脐带掐断，断处用碘酒消毒，若断处流血过多可用手指捏住断头直至不出血为止。

③编号便于记载和鉴定，对种猪具有重大意义，可以分清每头猪的血统、发育和生产性能。编号的方法很多，目前常用剪耳法，即利用耳号钳在猪耳朵上打缺口进行编号。通用的方法是"左大右小，上一下三"，左耳尖缺口代表200，右耳尖缺口代表100，左耳小

圆洞代表800，右耳小圆洞代表400，每头猪的编号是所有缺口数字之和。

④称重并记录，登记分娩卡片。

⑤完成以上工作后，立即将仔猪送到母猪身边让仔猪吃上初乳，并固定乳头，对于较弱的仔猪要人工辅助使其吃上母乳。

4. 难产处理及假死仔猪的急救

（1）难产处理

母猪长时间剧烈阵痛，但仔猪仍产不出，母猪又出现呼吸困难、心跳加速，应实行人工助产。其方法有两种，一是注射人工合成催产素，用量1ml/50kg体重，注射后20~30min即可产下；二是人工手术掏出，注射催产素无效时采用。施行手术前，剪磨指甲，用肥皂、来苏尔洗净双手，消毒手臂，涂润滑剂，用0.1%高锰酸钾溶液消毒后躯、阴门和肛门，然后助产人员将左手五指并拢，成圆锥状，顺着母猪的努责间歇慢慢伸入产道，深入时手心向上，摸到仔猪后躯随着母猪努责慢慢将仔猪拉出，在助产过程中不能损伤阴道、子宫，手术后注射抗生素及其他抗炎药物。如果产道过窄，可考虑剖腹产手术。

（2）假死猪的急救

仔猪生下后呼吸停止，但心脏跳动，称为假死。急救办法是采用人工呼吸，将仔猪的四肢朝上，一手托肩部，另一手托臀部，然后一曲一伸反复进行，直到仔猪叫出声为止。也可采用鼻部涂酒精等刺激方法来急救。出现脐带有波动的假死猪，尽快擦干净胎儿口内的黏液，将头部稍高置于软草垫上，在脐带20~30cm处剪断，一手捏紧脐带末端，另一手自脐带末端捋动，每秒1次，反复进行不得间断，直至救活。

第四节　猪的人工授精

　　猪的人工授精技术，是用人的手或特制的假阴道，借助采精台采集公猪精液。采得的精液经检查合格者，按精子特有的生理代谢特性，在精液内加入适宜于精子生存的保护剂——稀释液，放在常温、低温或超低温条件下保存。当发情母猪需要配种时，用一根橡胶或塑料输精管，将精液输送到母猪子宫内使母猪受孕。

一、人工授精的优点

　　猪的人工授精是科学养猪、实现生猪生产现代化的重要手段。在严格选用优良公猪和认真执行人工授精操作规程的前提条件下，它具有以下优点：

　　1. 能提高优良种公猪的利用率

　　自然交配一头公猪只能配一头母猪，每年一头公猪只能负担几十头母猪的配种任务。采用人工授精一头公猪一次采得的精液经稀释处理后可配30头以上母猪。一头公猪一年能担负1 000~2 000头母猪的配种任务。优良种公猪的利用效率可提高20~30倍。

　　2. 能加速品种改良，加快育种工作进程

　　由于人工授精选用的均为优良种公猪，加上配种母猪数量又大，所以能很快扩大良种遗传基因的数量。此外，有利于保证配种计划的实施和提供准确、完整的配种记录。因而能加快育种工作的进程。

　　3. 降低饲养管理费用，提高经济效益

由于每头种公猪能承担的配种母猪数呈倍数增加,便可减少种公猪饲养头数,自然降低了饲养管理费用,节省了大量饲料、人力和物力。

4. 可防止疫病和传染病的传播

人工授精避免了公、母猪的直接接触,精液又经过严格的技术处理,可避免疾病的传播。

5. 有利于提高母猪的受胎率

人工授精可克服种公猪与母猪的体型差异大造成的配种困难,精液又经过严格检查,只有符合质量要求的才用于配种,加之母猪发情鉴定后掌握最佳配种期才输精,所以可以提高发情期受胎率和产仔数。

6. 人工授精可扩大种公猪配种地区范围

经稀释处理的精液,尤其是冷冻精液可以长期保存,携带运输方便,使种公猪的利用范围不受地域限制,更大范围地提高了优良种公猪的利用效率。

二、人工授精材料准备

1. 猪人工授精的条件设施与用品

（1）房屋

需砖混结构、水泥地面、白墙壁房屋2间,每间10~15m²。一间用于采（输）精和洗涤器材,一间用于精液处理。

（2）假台猪

用一根直径20cm、长110~120cm的圆木,两端削成弧形,固定于四条能上下降的支柱上,支柱下端可以埋在地里或固定在大小合适的木板或铁板上,以便于挪动。在圆木上面铺一层稻草或草袋子,再覆盖一张熟过的猪皮。组装好的假台猪一般后躯高65~75cm,前躯高55~65cm，前低后高，相差10cm为宜。具体高度可按公猪大小调节确定。

（3）仪器和用品

基层人工授精站必需设备及用品。

设备和用具：300~1 000倍显微镜1台，0.01~100g天平1架，计数机1个，医用高压锅1个，1 000ml广口、小口保温瓶各2个，暖水瓶2个，带盖方瓷盘2个，不锈钢方盘4个，镊子、剪子、漏斗、刷子、输精胶管等若干。

玻璃仪器：100℃温度计2支，250ml烧杯2个，250ml三角瓶2个，500ml、1 000ml量筒各1个，培养器皿10个，注射器、载玻片等若干。

化学药品：葡萄糖、二水柠檬酸、乙二胺四乙酸二钠、青霉素、链霉素、酒精、高锰酸钾、蒸馏水、生理盐水、滑石粉等。其他日常用品也需具备，包括肥皂、洗衣粉、乳胶手套、工作服、毛巾、台布、脱脂棉、纱布、脸盆、塑料桶等。

2. 器材的洗涤和灭菌

（1）器材的洗涤

一是用温肥皂水洗涤，二是用1%的碱水洗涤，三是用沉淀滤过的温开水冲洗三次。按上述顺序洗涤下列器材：精液滤过布、玻璃器材、布类（先洗净的后洗脏的）。先用肥皂水和碱水洗净污垢，后用温开水漂洗干净，洗后在室内晾干。把输精胶管装在纱布袋里悬挂起来，玻璃器材装在瓷盘内盖好，最后清扫地面和处理善后。

（2）器材的蒸气灭菌

主要用布类：台布、精液滤过布、盖输精器的白布、纱布、擦手毛巾；玻璃类：集精瓶、精液瓶、稀释液瓶等；橡胶类：输精胶管、胶圈、封闭注射器的小胶帽等的消毒。输精胶管，用布一根根缠好直接放到灭菌器中, 防止弯曲影响使用。灭菌温度要求达到98℃以上, 灭菌时间30min。

（3）器材的酒精消毒

玻璃器材、橡胶器材和采精用的塑料手套在使用前还要用酒精棉进行一次涂擦消毒, 待酒精充分挥发后使用。

三、公猪的调教和采精

1. 调教种公猪

训练公猪爬跨假台猪可用以下方法, 用发情母猪的尿或阴道里的黏液, 最好能取到刚与公猪交配完的发情母猪阴道里的黏液, 或从阴门里流出来的公猪精液和胶状物涂在假台猪的后背上, 引诱公猪爬跨。这种方法对于一般性欲较强的公猪足以解决问题。但有些性欲较弱的公猪, 用上述方法不易成功, 可将发情旺盛的母猪赶到假台猪旁, 让被调教的公猪爬跨, 待公猪性欲达到高潮时把母猪赶走, 再引诱公猪爬跨假台猪, 或者直接把公猪由母猪身上抬到假台猪上及时采精。极个别公猪用这一方法还不能成功, 就可将一头发情小母猪绑在假台猪的后躯下面, 引诱公猪爬跨假台猪。

当公猪爬上假台猪后应及时采精, 一般经过3~5次调教都可成功, 调教成功后要连采几天, 以巩固建立起的条件反射, 待完全以假当真后即可进行正常的采精, 调教好的公猪不准再进行本交配种。

调教公猪要耐心, 调教室内须保持肃静。注意防止公猪烦躁咬人或与其他猪相互咬架。

2. 采精准备

采精室要清扫干净, 保持清洁无尘, 肃静无干扰, 地面平坦不滑, 夏季采精宜在早晨进行, 冬季寒冷, 采精室内温度要保持在15℃以上, 以防止精液因多次重复升降温而降低精液质量。采精时用于收集精液的容器除了专用的集精瓶外,也可用烧杯和广口塑料瓶代替,寒冷季节使用广口保温瓶效果很好。冬季寒冷,集精瓶及过滤纱布要搞好保温,具体方法是:将已灭菌的过滤纱布用已消毒过的手拧干灭菌时吸入的水分,放入已消毒过的集精瓶(广口保温瓶)内,倒入适量温热的5%葡萄糖溶液或稀释液,使温度升高至40~42℃后,手伸入集精瓶内,用纱布擦拭集精瓶内壁四周,然后拧干纱布,倒掉升温液,迅速展开纱布,蒙在集精瓶瓶口,并使瓶口中部纱布位置尽量下陷。假台猪的后躯部和种公猪的阴茎、包皮、腹下等处用0.1%高锰酸钾水溶液擦洗干净。采精员要洗净手,戴上塑料手套,用75%的酒精棉球彻底涂擦消毒,待酒精挥发后即可采精。

3. 采精操作

猪采精方法主要有手握采精法、假阴道采精法。

(1)手握采精法

当公猪爬上假台猪后,按采精人员的操作习惯,蹲在假台猪右(左)后侧,在公猪抽动几次阴茎挺出后,采精人员迅速以左(右)手握成筒形(手心向上)护住阴茎,并以拇指顶住阴茎前端,防止擦伤。待阴茎在手中充分挺实后,即握住前端螺旋部,握的松紧以阴茎不致滑脱为度。然后,用拇指轻微拨动龟头,其他手指则一紧一松有节奏地协同动作,使公猪有与母猪自然交配的快感,促其射精。公猪开始射出的多为精清,且常混有尿液及脏物不宜采集,待射出较浓稠的乳白色精液时,立即以右(左)手持集精瓶,在稍离开阴茎龟头处将射出的精液收集于集精瓶内。室温过低时,需使阴茎龟头尽量置入集精瓶内,同时用左(右)手拇指随时拔除公猪排出的胶状物,以免影响精液滤过。公猪射完一次精,可重复上述手法促使公猪二次射精。一般在一次采精过程中可射精2~3次。待公猪射精完毕退下假台猪时,采精员应顺势用左(右)手将阴茎送入包皮中,切忌粗暴推下或抽打公猪,并立即把精液送到处理室。在采精过程中,要随时注意安全,防止公猪突然倒下压伤采精员。

（2）假阴道采精法

采精人员一般立于公猪的右后侧,当公猪爬上台畜时,要敏捷地将假阴道紧靠于台畜臀部,并将假阴道的角度调整好使之与公猪阴茎伸出方向一致,同时用左手托住阴茎基部,使之自然插入假阴道。射精完毕后将假阴道慢慢抽出。

四、精液的检查

1. 精液品质检查的意义

①确定精液品质的优劣,决定精液是否可以保存或利用。

②了解公猪营养有无缺陷和公猪的生殖健康状况。

③了解公猪的运动量对体况和体质的影响。

④了解公猪潜在的疾病和是否为带毒者。

⑤通过检查决定精液稀释倍数和保存的预期效果。

⑥了解外因如温度、水源、空气对精子的影响,精子对外界环境感应很灵敏,轻微的毒物、毒性对动物体还无反应时,对精液品质就有显著的影响。

2. 常规检查项目

包括外观、气味、精液量、精子密度、精液生产性能指数。精液生产性能指数=射精量×精子密度×精子活动率。该指数越高,表明精液质量越好。

3. 显微镜检查项目

活率检查:活率是指活精子数占总精子数的百分率,在一个视野中观察5~10个精子。计算活精子可用染色方法,因为染液对死精子着色,对活精子不着色。

五、精液的稀释

用人工配制的特殊液态介质加入精液中，以补充精清生理功能物质成分的操作过程，称精液的稀释。其目的是扩大精液量，提高种公猪的利用率和经济价值，延长保存精子寿命，从而便于保存、运输。主要是为精液提供营养物质，如葡萄糖、果糖、氨基酸、奶或卵黄等。

1. 精液稀释的目的

精液若不稀释，浓稠精液在30min活力下降，2h丧失受精力。精液稀释可达到五个方面的目的：扩大精液量，为精子提供营养，从时间和空间上延长精子寿命和受精力，抑制微生物的繁殖，便于精液的保存、运输和交换精液。

2. 精液稀释剂的主要成分

凡属化学药品应先溶解于蒸馏水中，最好用滤纸过滤，水浴或蒸汽消毒冷却至室温，如有卵黄或乳类则可加入。

（1）稀释剂

主要是扩大精液的容积，稀释液要求对精子无损害，以生理盐水为扩充液。纯水是精液稀释液的主要成分。要求用玻璃蒸馏器蒸馏的双蒸馏水，用单蒸馏水必须去离子。也可用离子交换水或滤纸滤过的冷开水代替。

（2）营养剂

营养剂中最多的物质是糖类，是精子的主要能量。由于精子只能进行简单的分解代谢，不能进行同化作用合成自身所需要的营养物质，所以只能利用单糖，如果糖、葡萄糖等。葡萄糖用无水葡萄糖或口服用葡萄糖，蛋黄用一周之内的新鲜鸡蛋黄。卵黄的制取：洗净蛋外壳后，用75%酒精消毒，待酒精挥发后敲破蛋壳，要敲成正好两半并反复倾去蛋清, 用灭菌针头刺破卵黄膜, 再用玻璃注射器缓缓吸取卵黄并注入配好的稀释液中, 混匀。1个鸡蛋卵黄8~10ml。也可在稀释液中加入脱脂消毒乳。

（3）抑菌物质

微生物的大量繁殖不仅使精子丧失受精力, 而且会造成母猪生殖系统的感染, 造成胚胎早期死亡和不孕。因此精液添加抗生素, 抑制微生物的繁殖是必要的措施。由于长期使用青霉素、链霉素, 很多菌种已产生了抗药性, 所以建议使用林可霉素、新霉素、强力霉素、磺胺噻唑等药物。

（4）渗透压与pH

精液稀释剂渗透压为271~297ml/mol, pH为6.8~7.2。稀释剂是维持pH和渗透压稳定的物质, 如柠檬酸三钠又称枸橼酸钠、氯化钠（用精制食盐或瓶装盐）。

3. 精液稀释倍数

猪的精液稀释倍数, 一般稀释3~5倍。

4. 稀释的方法

精液稀释的原则是等温和降温要缓慢。从采出精液到降到室温最好经40~70min, 待温度降至和稀释液同温时, 将稀释液缓慢倒入精液中稀释到要求的剂量。

六、精液的保存

精液的保存, 公猪一次射精所获得精子数目比受精要求的数目多15~30倍。输精用精液常常做1倍稀释。精液稀释后的输精量一般为30ml左右, 其中含活精子数为20亿~30亿个。所以采得的精子除现用外还需要保存, 目前主要的精液保存方法有以下几种:

1. 常温保存

这种精液保存法，温度变动范围大，一般在15~28℃，是精液液态形式的短期保存，精子存活期短。常温保存较为普遍，实践证明效果较好，一般自来水、地下水、河水等温度约在这个范围内，严冬盛夏略有变化。为了抑制精子活动，可向精液稀释液中充入二氧化碳或氮气。

2. 低温保存

这种精液保存方法是在低温条件下保存，一般温度范围在0~5℃，即冰箱的冷藏温度。精液液态形式的短期保存，通常用家用冰箱保存。在没有冰箱或无冰源时，可用食盐10g溶解在1 500ml冷水中，再加氯化铵400g，配好后及时装入广口保温瓶内使用，温度可达2℃，每隔一天需添加一次氯化铵和少许食盐继续保温；也可用尿素60g溶在1 000ml水中及时装入广口瓶内，降温到5℃。使用长期保存稀释液最长可保存9~13d。但不论保存期多长都要求尽快用完，因精子受精力的下降比活动力下降快1倍。

3. 超低温保存

这种精液保存方法是在超低温条件下保存，一般温度范围是-70~-196℃，是精液冻结形式的长期保存，也称冷冻保存。冷冻前，精液必须做特殊处理，如加入防止精子冷休克物质——甘油等。冷冻后的精子活力和受胎率与冷冻工艺过程有很大关系。冷源常为固体二氧化碳，即干冰，温度-79℃；液态氧，温度-182℃；液态空气，温度-192℃；液态氮，温度-196℃。

七、精液的运输

①运输精液，首先包装要严密，要有保温隔热层；其次是要有衬垫以防震动。运输途中应能及时补充冰块、冷水等冷源，维持温度恒定。避免高温、阳光直射和剧烈震动。

②送精时要有详细的说明,注明公猪品种、编号、采精时间、精液的活力和密度等。

八、输精

1. 母猪人工授精前的准备

（1）输精前的准备

①母猪的准备:有限位栏的猪场,母猪直接在限位栏内人工授精。没有限位栏,最好建立10~15个限位栏或称配种栏。将发情母猪圈入定位栏内,在栏上设有挂人工授精袋或人工授精瓶的挂钩。注意猪阴户周围的卫生,如果阴门周围无粪便污染,用毛巾擦净阴门周围即可输精。如果阴门周围粪便很多,先用40℃的1%高锰酸钾水溶液清洗后用消毒的毛巾擦干待输精。

②精液的准备:刚采的鲜精应立即稀释,稀释后使每100ml稀释后的精液中含前向运动精子15亿~30亿个,瘦肉型经产母猪授精量保证有100ml,后备母猪保证有80ml,本地品种母猪授精的有效精子数和瘦肉型品种无显著差异,但授精量有40ml即可,有的使用10~20ml,也取得一定的受胎率和窝产仔数,但从多数试验来看不应低于40ml。用于输精的精液不必升温。

③输精人员的准备:输精人员的手指甲要剪平磨光,用75%的酒精消毒手臂,干燥后戴上薄膜手套。清洁母猪阴户后,脱去手套,再插入授精管。

④润滑:将授精管海绵头在润滑剂中旋转一周使海绵头部涂上润滑液。

（2）适宜的输精时间

卵子从母猪卵巢排出后保持生命力的时间很短暂,卵子在输卵管中最长存活时间约24h,最短为8h。母猪一次排出的卵子多达

18~25枚，如果卵子未能和精子相遇受精，很快老化。这种变化从卵子进入输卵管后8h就开始发生，到12h后则十分明显。卵母细胞的老化表现在母猪窝产仔数少，这说明授精时间过晚。不同的猪场猪群的繁殖效率差别很大，造成这种差别的原因较多，如猪群的营养水平、健康状况、管理制度和遗传因素等，都会造成差异，而最重要的因素是适时授精。

母猪发情开始时间从阴户开始红肿计算，大多数母猪的发情持续期为32~64h，初配母猪的发情持续期短，经产母猪发情持续期长。在生产实践中，一般初配母猪采取上午第一次输精，下午第二次输精。经产母猪多采取第一天上午（或下午）第一次输精，第二天上午（或下午）第二次输精。发情鉴定的起始点（时间）要根据是否有公猪在场，有公猪在场比单独人工鉴别发情出现的时间要早4~8h。

2. 人工输精操作方法

（1）输精管的插入

母猪采食完毕，将发情母猪保定于限位栏内，尾巴拉向一侧，给输精导管涂以少许稀释液使之润滑，用手分开阴唇，授精管进入阴道时斜向后上方30~45度，插入10cm后水平插进，经抽送2~3次，根据阻力与触觉，可判断导管已进入子宫内（25~30cm），这时可逆时针方向转动适度回抽，感到前方稍有阻力或感觉到子宫颈管锁定为止，然后向外拉出一点，缓慢注入精液。

（2）遇到问题的处理

若在授精过程中遇到母猪排尿污染了输精管，应及时更换输精管。若精液不流动或流动很慢，可能是输精管的前端有堵塞，应向后拉，再前插。

（3）输精完毕的处理

一般输精时间为3~5min。输精完毕后，不要立即拔出输精管，应在输精后隔10~15min缓慢抽出输精管,或将输精管尾折弯套上输精瓶,让其自然排出。并用手捏母猪股部,防止精液倒流。

(4)必须牢记的几个常数

精子在母猪子宫或输卵管内维持受精力的时间最长为24h。

卵子自卵泡排出后进入输卵管,维持受精力的时间最长为12h。

母猪的排卵时间。在一般情况下初配母猪发情持续时间为40h左右,经产母猪发情持续时间为60h左右。

排卵的时间。简便的算法是2/3~3/4的发情持续时间。初配母猪约为站立发情开始后26~30h,或者提前2h算起即24~30h排卵;而经产母猪排卵时间则从站立发情时算起为40~45h,也可以提前2h算起即为38~45h。

一个授精剂量为80~100ml。

一次输精的有效精子数。对瘦肉型母猪来说,一个输精剂量,多数国家都用总精子数为30亿~40亿个,有受精力精子在15亿~20亿个。最近法国的科学家证明有受精力的精子数在6亿~10亿个,可保证受胎率和分娩率。最关键的是"适时授精",若不能适时,再多的精子数也不能保证受胎率和分娩率不降低。一般要求一个授精剂量应有15亿个有受精力的精子数。

3. 人工授精次数和母猪繁殖成绩

人工授精次数的选择是根据母猪的繁殖成绩确定的。在大多数情况下,有80%的母猪要授精2次,有10%的母猪要授精1次,另外有10%的母猪要授精3次。在一个情期内采用两次输精,两次间隔12~18h。

第三章　猪的营养与饲料

第一节　猪的营养需要

一、猪的营养需要

猪的营养需要是指保证猪体健康和充分发挥其生产性能所需要的饲料营养物质数量,可分为维持需要和生产需要。

1. 维持需要

猪处于不进行生产,健康状况正常,体重、体质不变时的休闲状况下,用于维持体温,支持状态,维持呼吸、循环与酶系统的正常活动的营养需要,称为维持需要或维持营养需要。

2. 生产需要

猪消化吸收的营养物质,除去用于维持需要,其余部分则用于生产需要。猪的生产需要分为妊娠、泌乳、生长需要几种。

（1）妊娠需要

妊娠母猪的营养需要,根据母猪妊娠期间的生理变化特点,即妊娠母猪子宫及其内容物增长、胎儿的生长发育和母猪本身营养物质能量的沉积等来确定。其所需要营养物质除维持本身需要外,还要满足胚胎生长发育和子宫、乳腺增长的需要。母猪在妊娠期对饲料营养物质的利用率明显高于空怀期,在低营养水平下尤为显著。据实验:妊娠母猪对能量和蛋白质的利用率,在高营养水平下,比空怀母猪分别提高9.2%和6.4%,而在低营养水平下则分别提高18.1%和12.9%。但是怀孕期间的营养水平过高或过低,都对母猪繁殖性能有影响,特别是过高的能量水平,对繁殖有害无益。

（2）泌乳需要

泌乳是所有哺乳动物特有的机能、共同的生物学特性。母猪在泌乳期间需要把很大一部分营养物质用于乳汁的合成,确定这部分营养物质需要量的基本依据是泌乳量和乳的营养成分。母猪的泌乳量在整个泌乳周期不是恒定不变的,而是明显地呈抛物线状变化的。即分娩后泌乳量逐渐升高,泌乳第18~25d为泌乳高峰期,到28d以后泌乳量逐渐下降。即使此时供给高营养水平饲料,泌乳量仍急剧下降。猪乳汁营养成分也随着泌乳阶段的变化而变化,初乳各种营养成分显著高于常乳。常乳中脂肪、蛋白质和水分含量随泌乳阶段呈增高趋势,但乳糖则呈下降趋势。

另外,母猪泌乳期间,泌乳量和乳汁营养成分的变化与仔猪生长发育规律也是相一致的。例如,在3周龄前,仔猪可以完全以母乳为生,母猪泌乳量随仔猪增大、吃奶量增加而增加;从4周龄开始,仔猪已从消化乳汁过渡到消化饲料,可从饲料中获取部分营养来源,于是母猪产乳量亦开始下降。母猪泌乳变化和仔猪生长发育规律变化是计算泌乳母猪营养需要的依据。

（3）种公猪的营养需要

种公猪营养需要,主要依据种公猪的体况、配种任务和精液的数量与质量而定。营养水平的高低对种公猪很重要,正常情况下,应保持公猪有不过肥或过瘦的种用体况。营养水平过高,会使公猪肥胖,引起性欲减退和配种效果差;营养水平过低,特别是长期缺乏蛋白质、维生素和矿物质,会使公猪变瘦,每千克饲料的消化能不得低于12.5~13.5MJ,蛋白质占日粮应不低于18%,并且注意适当地补充动物性蛋白质,如鱼粉、蚕蛹、肉骨粉或鸡蛋等。非配种季节,饲粮蛋白质水平不能低于13%,每千克饲粮的消化能维持在13MJ左右。

(4)生长需要

生长猪是指断奶到体成熟阶段的猪。从猪生产和经济角度来看,生长猪的营养供给在于充分发挥其生长优势,为产肉及以后的繁殖奠定基础。因此,要根据生长猪生长、育肥的一般规律,充分利用生长猪早期增重快的特点,供给营养价值完善的日粮。

二、不同营养物质对猪的作用和需要

猪在不同的生理状况下,所需要的营养物质及能量的数量不同。营养过多不仅浪费饲料,还会给猪身体带来不良影响;过少会影响猪生产性能的发挥,还会影响其健康。

1. 能量需要

猪体内各种生理活动都需要能量,如果缺乏能量,将使猪生长缓慢,体组织受损,生产性能降低。猪所需能量来自饲料中的三种有机物质,即碳水化合物、脂肪和蛋白质。其中,碳水化合物是能量的主要来源,富含碳水化合物的饲料如玉米、大麦、高粱等,都含有较高的能量。一般情况下,猪能自动调节采食量以满足其对能量的需要。但是,猪的这种自动调节能力也是有限度的,当日粮能量水平过低时,虽然它能增加采食量,但因消化道的容量有一定的限度而不能满足其对能量的需要;若日粮能量过高,谷物饲料比例过大,则会出现大量易消化的碳水化合物,引起消化紊乱,甚至发生消化道疾病。同时,日粮中能量水平偏高,猪会因脂肪沉积过多而造成肥胖,降低瘦肉率,影响公、母猪的繁殖性能。

2. 蛋白质需要

蛋白质是生命的基础。猪的一切组织器官如肌肉、神经、血液、被毛甚至骨骼,都以蛋白质为主要组成成分,蛋白质还是某些激素和全部酶的主要组成成分。猪生产过程中和体组织修补与更新需要的蛋白质全部来自饲料。蛋白质缺乏时,猪体重下降,生长受阻,母猪发情异常,不易受胎,胎儿发育不良,还会产生弱胎、死胎,公猪精液品质下降等现象;但蛋白质过量,不仅浪费饲料,还会引起猪消化机能紊乱,甚至中毒。猪对蛋白质的需要实质上是对氨基酸的需要,饲料蛋白质在猪的消化道经降解为游离氨基酸和小肽,被猪吸收利用,不同饲料的必需氨基酸含量和比例不同,其营养价值各异。对于一种特定饲料而言,某一种或某几种必需氨基酸含量较低,从而限制了猪对其他氨基酸的利用,降低了蛋白质的营养价值,这些氨基酸被称为限制性氨基酸。例如谷物籽实的第一限制性氨基酸通常是赖氨酸,豆类及饼粕类的第一限制性氨基酸通常是蛋氨酸。氨基酸在组成和比例上与猪所需蛋白质的氨基酸的组成和比例一致,必需氨基酸之间及必需氨基酸和非必需氨基酸之间按比例组成的蛋白质称为理想蛋白质,猪对理想蛋白质的利用率为100%。所以供给上应注意必需氨基酸和限制性氨基酸的供给量。饲粮中必需氨基酸不足时,可通过添加人工合成的氨基酸,使氨基酸平衡,提高日粮的营养价值。

3. 脂肪需要

脂肪是猪能量的重要来源。尤其是脂肪酸中的十八碳二烯酸(亚麻油酸)、十八碳三烯酸(次亚麻油酸)和二十碳四烯酸(花生油酸)对猪(特别是幼猪)具有重要的作用。因其不能在猪体内合成, 必须由饲料脂肪供给, 故又称之为必需脂肪酸。缺乏时会发生生长发育不良现象。此外, 饲料中的脂溶性维生素 (维生素A、维生素E、维生素K) 必须溶于脂肪中, 才能被猪体吸收和利用。一般认为, 猪日粮中应含有2%~5%的脂肪, 这不仅有利于提高适口性和脂溶性维生素的吸收, 还有助于增加皮毛的光泽。

4. 碳水化合物需要

猪饲料中最重要的碳水化合物是无氮浸出物和粗纤维。无氮浸出物主要由淀粉构成。

（1）淀粉需要

淀粉主要存在于谷物籽实和根、块茎中, 如玉米、小麦等籽实及马铃薯、红薯等根茎中, 容易被消化吸收。淀粉被食入后, 在各种酶的作用下, 最后转化成葡萄糖而被机体吸收利用。

（2）粗纤维需要

猪对粗纤维的消化能力比较差, 因为猪不能产生消化粗纤维的酶, 只能靠盲肠和结肠的微生物发酵作用将部分纤维素和半纤维素转变为挥发性脂肪酸 (乙酸、丙酸、丁酸等) 后, 被吸收利用, 由它供给的能量是维持能量需要的5%~28%。

粗纤维消化率一般为30%~39%, 其消化率高低受纤维来源、木质化程度、日粮中含量和加工程度的影响, 因而变异较大。纤维素的利用受饲粮的物理与化学成分、日粮营养水平、动物的年龄等影响。粗纤维对猪消化过程具有重要意义, 在保持消化道运动过程中起着一种物理刺激作用。粗纤维供给量过少, 肠道蠕动减缓, 食物通过消化道的时间延长, 猪出现消化紊乱、采食量下降, 易发生消化道疾病, 导致死亡率升高; 日粮中粗纤维含量过高, 使肠蠕动过速, 营养吸收下降, 营养物质利用率降低。据试验, 饲料中粗纤维含量每增加1%, 则有机物消化率降低1.7%, 能量消化率降低2.7%, 粗蛋白质消化率降低1.47%。猪饲料中粗纤维的适宜含量因猪的品种、年龄、粗纤维的性质等变化而有所不同。一般饲料中粗纤维含量,在公猪日粮中低于7%,在空怀、怀孕母猪日粮中低于12%,在泌乳母猪日粮中低于7%,在20~50kg生长猪日粮中低于5%,在50~100kg育肥猪日粮中低于8%。

5. 无机盐需要

无机盐是猪体组织的主要成分之一,约占成年猪体重的5.6%。无机盐的主要功能是形成体组织和细胞,特别是骨骼;调节血液和淋巴液渗透压,保证细胞营养;维持血液酸碱平衡,作为酶和激素的激活剂等,是保证幼猪生长、维持成年猪健康和提高生产性能所不可缺少的营养物质。

猪所需要的无机盐,按其含量可分为常量元素(占体重0.01%以上)和微量元素(占体重0.01%以下)两种。猪需要的常量元素主要有钙、磷、钠、氯、钾、镁、硫等,微量元素主要有铁、铜、锌、钴、锰、碘、硒等。

猪体内无机盐的主要来源是饲料。据测定,豆科牧草中含有丰富的钙,谷物籽实中含有足量的磷。所以,在正常饲养条件下,均可满足钙、磷的需要量。由于植物性饲料中的钠、氯含量很低,因此必须补充食盐。据测定,猪的常用饲料中富含钾、镁、硫、铁、铜、锌、钴等元素,所以,一般情况下不会发生缺乏症。

6. 维生素需要

维生素是一类低分子有机化合物,它既不能提供能量,也不是动物体的构成原料。饲料中含量甚微,动物需要量极少,但生理功能却很大。维生素的主要功能是调节动物体内各种生理机能的正常进行,参与体内各种物质的代谢。维生素缺乏时,会导致新陈代谢紊乱,生长发育受阻,生产性能下降,甚至发病死亡。猪所需要的维生素,根据其溶解性质分为两大类。一类是溶于脂肪才能被机体吸收的脂溶性维生素,包括维生素A、D、E、K,在猪日粮中均需从饲料中获得;另一类是溶于水中才能被机体吸收的水溶性维生素,即B族维生素和维生素C。常用的有10种,包括:维生素B_1(硫胺素)、维生素B_2(核黄素)、维生素B_5(泛酸)、维生素B_4(胆碱)、维生素PP(烟酸)、维生素B_6(叶酸)、维生素B_{11}、维生素B_{12}、维生素H(生物素)和维生素C(抗坏血酸)。

7. 水需要

水是猪体内各器官、组织的重要组成成分,猪体的3/4是水,初生仔猪的机体水含量最高,可达90%,体内营养物质的输送、消化、吸收、转化、合成及粪便的排出,都需要水分;水还有调节体温的作用,也是治疗疾病与发挥药效的调节剂。实验证明,缺水将会导致消化紊乱,食欲减退,被毛枯燥,公猪性欲减退,精液品质下降,严重时可造成死亡。长期饥饿的猪,若体重损失40%,仍能生存;但若失水10%,则代谢过程即遭破坏;失水20%,即可引起死亡。

正常情况下,哺乳仔猪每千克体重每天需水量为:第1周200ml,第2周150ml,第3周120ml,第4周110ml,第5~8周100ml。生长育肥猪使用自动饲槽自由采食、自动饮水器自由饮水条件下,10~22周龄期间,水料比平均为2.56:1。非妊娠青年母猪每天饮水约11.5kg,妊娠母猪增加到20kg,哺乳母猪多于20kg。

许多因素影响猪对水的需要量,如气温、饲粮类型、饲养水平、水的质量、猪的大小等都是影响需水量的主要因素。所以,养猪必须保证猪有优质和充足的饮水。

第二节 猪常用饲料

一、能量饲料

凡干物质中粗纤维含量为18%以下，粗蛋白含量在18%以下，每千克消化能在10.46MJ以上的饲料均属于能量饲料，消化能12.55MJ以上的称为高能饲料。这类饲料是猪的重要能量来源，在养猪生产中占有极其重要的地位。这类饲料包括谷实类、糠麸类、块根块茎及瓜果类饲料等。

1. 谷实类饲料

谷实类籽实水分含量低，一般在14%左右，干物质在80%以上；无氮浸出物含量高，通常占饲料干物质的66%~80%，其中主要是淀粉；粗纤维低，一般在10%以下，因而这类饲料的适口性好，消化利用率较高，缺点是蛋白质含量低，而且赖氨酸、蛋氨酸和色氨酸的含量也很低。

（1）玉米

在我国种植面积很广，仅次于水稻和小麦，是主要饲料来源之一。玉米被称为"饲料之王"，其产区广、资源丰富、产量高、用量多、有效能值高、占饲料的配比大。玉米的蛋白质含量少、品质差，常量元素、微量元素和维生素等含量也很低，均不能满足猪的营养需要。在配制猪饲料时，以玉米作为配比的主体，围绕它进行营养素的多种饲料平衡，包括补充蛋白质含量。由于玉米缺乏赖氨酸和色氨酸，故在配合饲料时要注意这些氨基酸的平衡。

玉米含有较多的脂肪,其中不饱和脂肪酸较多,所以磨碎后的玉米粉易于酸败变质,不宜长期保存。玉米在贮藏过程中极易发生霉变,霉变后产生的黄曲霉素毒性大,易使各种猪中毒,应引起高度重视。

玉米用于小猪用量不宜超过60%,种母猪不宜超过50%,育肥猪不宜超过85%。中等程度粉碎(4~5mm筛)即可。热压处理玉米消化率可提高30个百分点以上。

(2)高粱

高粱的籽实也是重要的能量饲料,我国高粱种植面积和总产量在粮食作物中居第五位,主要产于辽宁和黑龙江两省。高粱与其他谷实类相比,粗脂肪含量相对较高,有效能值仅次于玉米、小麦。主要成分为淀粉,粗纤维少,可消化养分高。但粗蛋白质含量与其他谷物相似,含量低、品质差,限制性氨基酸、常量元素、微量元素等含量均不能满足猪的营养需要。高粱的种皮含有较多的单宁(平均为0.38%),具有苦涩味,这是一种抗营养因子,可阻碍能量和蛋白质等养分的利用,降低猪的适口性。用高粱喂肉猪或种猪,和玉米没有什么差别,但高粱因为适口性差,在猪日粮中所占比例一般不超过20%,亦需补加维生素A和蛋白质。

(3)大麦

大麦有两种:皮大麦和米大麦。大麦在我国分布很广,长江流域为主要生产区。大麦含蛋白较多,含能量中等。其所含的蛋白质和脂肪酸质量优良,但大麦缺乏赖氨酸和胡萝卜素,而且皮厚,含粗纤维较多。大麦作为喂猪的饲料,特别是喂育肥猪,能生产白色硬脂肪的优质猪肉。饲料应粉碎后饲喂,否则不易消化。大麦容易被赤霉菌感染,受感染的不宜用来喂猪。在猪的饲料中用量最好不超过30%,对于幼龄猪最好不超过10%。

（4）小麦

我国小麦的种植面积和总产量仅次于水稻，居第二位。小麦的有效能值与玉米、高粱相似，比大麦略高，但粗蛋白质含量约高出玉米的50%，矿物元素锰和锌的含量较高，钙、铁、硒的含量较低。小麦喂猪时，须经粉碎后与其他饲料混合饲用效果较好，但在饲料中其配比过多时，则会影响动物的采食量。出现小麦赤霉菌的小麦切忌再用来饲喂猪，以免引起猪发生急性呕吐等中毒症状。

（5）水稻

水稻含有坚硬的外壳，约占稻谷的1/5，其消化能（猪）11.7MJ/kg，脱壳后的大米消化能与小麦近似。稻谷粗蛋白含量较低，大约为8.3%，氨基酸比较平衡，赖氨酸含量比其他谷类高，作为饲料蛋白质的营养价值相对较高，能量价值大约相当于玉米的85%。一般情况下，在猪的配合饲料中可用到25%~50%。

2. 糠麸类饲料

糠麸类饲料是谷实类的加工副产品。粮食加工产品如大米、玉米粉、面粉为籽实的胚乳，而糠麸则为种皮、糊粉层、胚芽三部分。糠麸不能给人食用，主要用作饲料及酿酒等行业的原料。糠麸与玉米比，能量较低，蛋白质含量较高。无氮浸出物消化率、有效能则比谷实低。糠麸的钙、磷比谷实高，必需氨基酸，尤其是赖氨酸、蛋氨酸仍显不足。糠麸是B族维生素的良好来源，但缺少胡萝卜素和维生素D。其微量元素含量比谷实高。在仔猪、生长猪日粮中，不宜用量过多，一般应控制在5%~15%以内（按干物质算），育肥猪和母猪可适当加大比例，用量控制在20%以下。

二、蛋白质饲料

蛋白质饲料是指干物质中粗纤维含量在8%以下、粗蛋白质含量为20%以上的饲料,这类饲料的粗纤维含量低,可消化养分多,是配合饲料的基本成分。蛋白质饲料可分为:植物性蛋白质饲料、动物性蛋白质饲料和单细胞蛋白质饲料。

1. 植物性蛋白质饲料

(1)大豆饼粕

可分为大豆饼和大豆粕,是我国最常用一种植物性蛋白质饲料。一般含粗蛋白在40%~46%,赖氨酸可达2.5%左右,色氨酸0.1%左右,蛋氨酸0.38%左右,胱氨酸0.25%;富含铁、锌,其总磷中约一半是植酸磷,含胡萝卜素少,仅为0.2~0.4mg/kg。粗脂肪豆饼为4.7%,豆粕为0.9%左右。

浸提豆粕较之机榨豆饼适口性差,饲用后可能引起腹泻现象,经加热处理后再利用,其不良作用即可消失。因此,豆饼粕是猪的主要蛋白质饲料,配合饲料时加少量鱼粉等动物性蛋白质饲料和维生素,对猪生长十分有利。

(2)花生饼

带壳花生饼含粗纤维15%以上,饲用价值低。国内一般都去壳榨油,去壳花生饼所含蛋白质、能量比较高。花生饼的饲用价值仅次于豆饼,蛋白质和能量都比较高,但其赖氨酸和蛋氨酸含量不足。花生饼本身虽无毒素,但易感染黄曲霉素,对猪有不良影响,甚至出现中毒。因此,贮藏时切忌发霉。

花生饼是猪饲料中较好的蛋白源,猪喜食,但不宜多喂,一般不超过15%,否则猪体脂肪会变软,影响胴体品质。

(3)棉籽饼

棉籽饼是提取棉籽油后的副产品,一般含粗蛋白质32%~38%。产量仅次于豆饼粕,是一种重要的蛋白饲料资源,猪对棉籽饼中蛋白质的消化率为豆饼80%左右,消化能为10.88~12.56MJ/kg。

棉籽饼与豆饼相比,其消化能约为豆饼的83.2%,粗蛋白质约为80%,其赖氨酸含量为1.48%,色氨酸的含量为0.47%,蛋氨酸含量为0.54%,胱氨酸含量为0.61%。胡萝卜素和维生素D含量较少,磷、铁和锌的含量丰富。植酸磷含量为0.62%~0.67%,含量相对较高,这种较高的含量可影响到其他元素的吸收和利用。

棉籽仁中含有大量的色素、腺体,其中含有对动物有害的棉酚,乳猪、仔猪及母猪一般情况下不能用棉籽饼作饲料,但在生长猪和育肥猪日粮中可添加4%~6%。

(4)菜籽饼粕

菜籽饼粕是油菜籽提取油脂后的副产品。其粗蛋白质含量为31%~40%,赖氨酸含量为1.0%~1.8%,色氨酸含量为0.3%~0.5%,蛋氨酸含量为0.5%~0.9%,稍高于豆饼与棉籽饼,微量元素中含硒、铁、锰、锌也较高,但含铜量较低。

菜籽饼粕因处理工艺不同有的含一定的毒素,具有苦涩味,影响适口性和蛋白质的利用效果,阻碍猪的生长,因此,在饲喂时对未去毒的饼粕要进行去毒处理,未去毒的菜籽饼粕尽可能不喂或控制喂量。一般乳猪、仔猪最好不用,生长猪、育肥猪和母猪在日粮中添加4%~8%为宜。

以上四种饼粕是养猪常用的蛋白质饲料,来源丰富。除此之外,还有葵花饼、芝麻饼、麻籽饼、碗豆蛋白、酒糟和干豆腐渣等蛋白质饲料。生产中使用这些饲料为主时最好与豆饼粕搭配使用。

2. 动物性蛋白质饲料

动物性蛋白质饲料主要包括鱼类、肉类和乳品加工副产品及其他动物产品。

(1)鱼粉

鱼粉是动物蛋白质饲料中优质的蛋白质饲料,不仅蛋白质含量高,而且赖氨酸、含硫氨基酸和色氨酸等必需氨基酸含量也很丰富。鱼粉含粗蛋白质在40%~75%,进口鱼粉蛋白质含量为55%~75%,而国产鱼粉粗蛋白质含量为40%~65%,鱼粉由于蛋白质、粗脂肪和盐的含量偏高,保存不好很易酸败变质。

在猪的饲料中,特别是在仔猪饲料中添加适量的鱼粉,既能改善日粮结构,平衡养分,又能提高猪的日增重,增加养猪效益,是猪饲料中不可缺少的蛋白质饲料。

(2)血粉

血粉是牲畜屠宰的鲜血经过加工制成的蛋白质饲料,其蛋白质含量一般在80%左右。尽管蛋白质含量较高,但消化率低,血粉中含矿物质元素较丰富,特别是铁含量丰富对猪补充铁元素效果较好。血粉的制作有两种方法:一是采用高温、压榨、干燥制成的血粉,这种血粉溶解性差、消化率低;二是通过低温、真空干燥法制成的血粉或者经过二次发酵制成的血粉,这种血粉溶解性好,消化率也高。在我国,随着人们肉食品食用量的增加,血粉资源呈逐年上升的趋势。

在猪的日粮中添加3%~5%的血粉,并与豆饼粕结合,外加氨基酸,能获得较好的饲喂效果。

(3)肉骨粉和肉粉

是用不能做食品的畜禽屠体及多种废弃物,经高温、高压灭菌处理后脱脂干燥制成,含骨量大于10%的称肉骨粉。肉粉的粗蛋白质含量为50%~60%,肉骨粉含粗蛋白质为35%~40%。肉骨粉和肉粉中除含有丰富的蛋白质外,还含有一定量的钙、磷和维生素B_{12}。肉骨粉与肉粉因原料和加工方法不同,其营养成分变化幅度差异也较大。用作猪饲料时,蛋氨酸和色氨酸低于鱼粉。因此,饲喂猪时,与鱼粉搭配或补充所缺氨基酸,可提高饲料利用率。新鲜肉粉和肉骨粉色黄、有香味,发黑而有臭味的不应饲用。

（4）乳清粉

是制作奶酪后脱水干燥后的副产品。乳清粉含有牛奶中大部分水溶性成分，如乳糖、乳白蛋白、乳球蛋白、水溶性维生素及矿物质等，乳清粉主要用于乳猪日粮。

乳猪对乳糖以外的碳水化合物因无消化酶而利用率较差，而乳糖能直接被乳猪吸收，转化为能量供给乳猪生长发育的需要。用于乳猪料的乳清粉一般是含有65%~75%乳糖和大约12%粗蛋白，也有含75%~80%乳糖和约3%粗蛋白的低蛋白乳清粉。仔猪开食料中（6kg体重）用20%乳清粉时仔猪日增重最理想，超早期和早期断奶日粮中（2.2~5kg体重）通常应该到20%~30%，而断奶过渡日粮（5~7kg体重）一般用到15%~20%乳清粉。乳清粉能提供大量的乳糖，在仔猪消化道内发酵可产生大量的乳糖，降低pH，帮助乳的消化，抑制致病细菌的生长，这对仔猪健康有重要意义。乳清粉中亦含有白蛋白及球蛋白（血清蛋白），对肠道同样具有正面的影响，特别是免疫球蛋白，对肠道具有保护作用，能对抗大肠杆菌。乳清粉中亦含有乳过氧化酵素及乳铁蛋白，具有杀菌及抑菌的功能。

除上述动物性饲料外，生产中还有猪毛水解粉，含粗蛋白质45%，还有制革下脚料、羽毛粉、蚕蛹等。随着畜牧业的高速发展，我国饲料原料供需矛盾越来越突出，蛋白质饲料缺口越来越大，解决蛋白质饲料的不足，充分利用动物性下脚料资源作为蛋白质饲料将对弥补蛋白质不足具有重要作用。

3. 单细胞蛋白质饲料

单细胞蛋白质饲料是由单细胞微生物生产的蛋白质饲料，主要包括酵母、细菌、真菌、微型藻类和某些原生物，在养猪生产中主要是饲料酵母。

饲用酵母是真菌的一种，粗蛋白质含量为40%~50%，蛋白质的生物学价值介于动物蛋白质与植物蛋白质之间，赖氨酸含量高。做猪饲料补充物，主要用于补充蛋白质和维生素，改善氨基酸的组成，补充B族维生素，提高饲粮利用率。酵母饲料具有苦味，适口性差，在猪饲粮配比中一般不超过5%。

除酵母饲料外，藻类也可以用作单细胞饲料，其蛋白质含量也比较丰富。

三、青绿饲料

这类饲料青绿多汁，营养丰富，易于消化，适口性好，还具有轻泻、保健作用，是我国传统养猪饲料的重要来源。它包括水生的浮萍、水浮莲、水葫芦、水花生及农作物的菜叶、藤、饲料类苜蓿、苕子等青绿饲料作物。喂量不限，由猪自由采食，但要根据季节合理组合，做到四季不断青。

四、粗饲料

粗饲料是指天然水分的含量在45%以下，干物质中粗纤维的含量在18%以上的植物类饲料。主要包括干草、蒿秆和秕类等。其特点是体积大，粗纤维含量高。粗饲料在草食家畜的日粮中所占比重大，通常作为它们的基础饲料。在猪的日粮中，配入一定比例的优质粗饲料，有利于增大日粮的体积，使猪有饱腹感，同时，在日粮中有少量粗纤维有利于预防猪拉稀；但粗纤维过多，又影响猪对精料的采食量和消化率。

五、矿物质饲料

矿物质饲料是补充矿物质需要的饲料，一般常用的矿物质饲料以补充钙、磷、钠、氯等常量元素为主，主要包括食盐、含磷矿物质、含钙矿物质、含磷和钙的矿物质。

1. 食盐

猪饲粮是以植物性饲料为主,而植物性饲料中含钠和氯较少,含钾丰富。为了维持生理上的平衡,对以植物为主的饲料应补充食盐。食盐除了维持体液渗透压和酸碱平衡的作用外,还具有刺激唾液分泌,提高饲料适口性,增强动物食欲的作用,从而提高饲料的适口性,增强食欲。为使饲料中达到满足猪对钠、氯的需要,应在日粮中补充0.2%~0.3%的食盐。

2. 补磷的矿物质饲料

只含磷的矿物质饲料在生产实践中使用得不多,当猪的饲粮钙的比例过高或钙、磷饲料缺乏时,常用其来补充磷的含量和平衡钙磷比例。常见补磷的矿物质有磷酸二氢钠(NaH_2PO_4)和磷酸氢二钠(Na_2HPO_4)。因此,以钠的磷酸盐补磷会改变饲料中钠的比例,在生产中应注意调整。

3. 补钙的矿物质饲料

含钙的矿物质饲料主要有石粉、贝壳粉、蛋壳粉等。

(1)石粉

主要指石灰石粉,为天然的碳酸钙,含钙34%~38%,是最广泛的补钙来源,属价格低廉的矿物质原料。

(2)贝壳粉

其主要成分为碳酸钙,含钙33%~38%,成本较为低廉,也是使用比较广泛的补钙饲料。

(3)蛋壳粉

主要成分为碳酸钙,含钙25%。新鲜蛋壳还含有约12%的粗蛋白质,制干粉碎前应经高温消毒,以免蛋白质腐败和病原菌传播。

4. 补充钙、磷的矿物质饲料

既含钙又含磷的矿物饲料在生产中使用较为广泛，通常与含钙的饲料共同配合使用，以使饲粮钙、磷比例正常，这类矿物质饲料有骨粉、磷酸氢钙、磷酸钙、过磷酸钙等。

（1）骨粉

是指动物骨骼经过高压蒸煮，再脱脂、脱胶干燥后磨成的细粉，其主要成分为磷酸钙。优质骨粉色白、不结块。一般骨粉含钙25%以上，含磷12%以上。

（2）磷酸氢钙

磷酸氢钙的钙、磷比例约为3:2，接近于动物需要的平衡比例。其含钙23%以上，含磷16%以上，含氟0.18%以下。补充矿物质元素所需的化合物含量及主要成分见表3-1，可以作为生产参考。

表3-1　补充矿物元素的化合物及元素含量表

矿物质名称	化学式	元素含量（%）
蚌壳粉	—	Ca: 23.5~46.5
贝壳粉	—	Ca: 32.93~34.76; P: 0.02~0.03
蛋壳粉	—	Ca: 25.99~37.0; P: 0.10~0.15
碳酸钙	$CaCO_3$	Ca: 40
骨粉	—	Ca: 29.23~36.39; P: 13.13~16.37
砺粉	—	Ca: 39.23; P: 0.23
石粉	—	Ca: 32.55~55.7
磷酸钙	$Ca_3(PO_4)_2$	Ca: 38.7; P: 20.0
磷酸氢钙	$CaHPO_4 \cdot 2H_2O$	Ca: 18.0; P: 23.2
过磷酸钙	$Ca(H_2PO_4)_2 \cdot H_2O$	Ca: 15.9; P: 24.6
磷酸纳	$Na_3PO_4 \cdot 12H_2O$	P: 8.2; Na: 12.1
磷酸氢二钠	$Na_2HPO_4 \cdot 12H_2O$	P: 8.7; Na: 12.8
氯化钠	$NaCl$	Na: 39.7; Cl: 60.3

六、饲料添加剂

饲料添加剂是基础日粮的添加成分，其功能是完善饲料的营养性, 提高饲料效率, 促进畜禽生长和预防疾病, 减少饲料在贮存期间的营养损失及改善猪的产品品质。饲料添加剂可分为两类: 一类是营养性添加剂, 如氨基酸、微量元素和维生素; 二类是非营养性添加剂, 如抗生素、激素、化学药物等。由于饲养目的不同, 对饲料添加剂的要求也有所不同。但是, 在生产实践中, 通常饲料添加应符合以下要求: ①长期使用或在使用期间不应对猪产生急、慢性毒害作用和不良影响, 对繁殖母猪不能导致生殖生理的改变, 以致影响胎儿。②必须有确实的经济效益和生产效果。③在饲料和猪体内具有较好的稳定性。④不影响猪对饲料的采食量。⑤在畜产品中的残留量不能超过规定标准, 不能影响猪产品的质量和人体健康。

1. 营养性添加剂

营养性添加剂的用途是平衡猪日粮的营养, 添加的品种和数量取决于基础日粮的状况和猪的营养状况, 即按照缺什么补什么, 缺多少补多少的原则。在正常情况下, 要根据猪的不同生长阶段的生产目标, 按照饲养标准确定添加剂的种类和数量。

(1) 氨基酸添加剂

主要包括蛋氨酸、赖氨酸、色氨酸和苏氨酸。饲料添加剂所用的氨基酸一般为必需氨基酸, 特别是第一和第二限制性氨基酸。动物对氨基酸的利用还有一个特性, 即只有第一限制性氨基酸得到满足, 第二和其他限制性氨基酸才能得到较好地利用, 以此类推。如果第一限制性氨基酸只能满足需要量的70%, 第二和其他限制性氨基酸含量再高, 也只能利用其需要量的70%。因此, 在饲料中应用氨基酸添加剂, 应首先考虑第一限制性氨基酸, 再依次考虑其他限制性氨基酸。

目前在拟定饲料配方时主要考虑第一和第二限制性氨基酸。猪的第一限制性氨基酸为赖氨酸, 第二限制性氨基酸为蛋氨酸。因此，在应用氨基酸添加剂时，不要盲目添加，以免影响生产性能和造成浪费。

①赖氨酸：赖氨酸是猪饲料中第一限制性氨基酸。动物性的蛋白质饲料和豆饼粕饲料富含赖氨酸，植物蛋白质饲料含赖氨酸较低。国家标准饲料级L-赖氨酸盐酸盐为白色或淡褐色粉末，无味或微有特殊气味，易溶于水。L-赖氨酸盐酸盐含量有98.5%和65%的产品，98.5%的产品中含有的L-赖氨酸仅为78.8%。因此在实际应用氨基酸类添加剂时，应先折算其有效含量和效价，以防止添加量过多和不足。在缺乏动物性蛋白质饲料和豆饼粕饲料中必须添加赖氨酸，以提高养猪效果。

②蛋氨酸：我国的蛋白质饲料绝大多数系植物蛋白质饲料，蛋氨酸相对缺乏，如果能添加适量的蛋氨酸，对养猪生产和猪的生长有促进作用。通常在饲料中添加蛋氨酸是人工合成的DL型蛋氨酸，人工合成的DL型蛋氨酸与天然存在L型蛋氨酸的效价相等，蛋氨酸在饲粮中的添加，原则上只补足饲粮中蛋氨酸的不足部分。蛋氨酸和胱氨酸都是含硫氨基酸，猪的需要常用蛋氨酸和胱氨酸来表示。

③色氨酸：也属于容易缺乏的限制性氨基酸，具有典型特有气味，为无色或微黄色晶体，溶于水。玉米、肉粉、肉骨粉中色氨酸含量较低，仅能满足猪需要量的60%~70%，大豆饼（粕）中含量较高。在日粮中应根据饲料类型选择性地补充。

④苏氨酸：属必需氨基酸，是幼猪生长阶段的一种限制性氨基酸，为无色或微黄色晶体，溶于水，具有极弱的特别气味。通过6周龄断奶仔猪试验，在低苏氨酸类型日粮中，苏氨酸水平达到0.66%~0.67%，在无鱼粉、豆饼粕的条件下，也能获得较好的生产效果。

（2）维生素添加剂

猪对维生素的需要量极少，但其作用极为显著。在集约化养猪条件下，采食高能高蛋白的配合饲料，猪的生产性能也高，对维生素需要量一般要比正常需要量大一倍左右。而且大多数维生素都不能在猪体内合成，即使有某些维生素在猪体内可以合成，也往往因合成速度太慢太少，难以满足猪的生长发育需要，所以必须向饲料中添加维生素。常用的维生素有：维生素A、维生素D、维生素E、维生素B_1、维生素B_2、烟酸、泛酸、维生素B_{12}、氯化胆碱、维生素C。生产中常用的是复合维生素，因为单体维生素，在保存、加工等方面需要严格的温度控制及严格的加工工艺。而且常因为搅拌不均和保存不当造成维生素损失，所以生产中宜使用复合维生素。

（3）微量元素添加剂

养猪需要添加的微量元素有铁、铜、锌、锰、硒、碘、钴等。这些微量元素在不同地区所生产的不同饲料原料中，其含量差异较大，所以必须根据当地土壤中元素含量具体情况在饲料中添加所需的微量元素。

铁：含铁的添加剂有硫酸亚铁、硫化铁、氯化铁和氧化铁，其中硫酸亚铁（$FeSO_4 \cdot 7H_2O$）的生物学效价较高，氧化铁最差。饲料级硫酸亚铁（$FeSO_4 \cdot 7H_2O$）为淡绿色结晶。含结晶水的硫酸亚铁（$FeSO_4 \cdot 7H_2O$）吸湿性强，易于结块，不易与饲料搅拌均匀，故需经烘干处理。

铜：含铜的添加剂有硫酸铜（$CuSO_4 \cdot 5H_2O$）、氯化铜（$CuCl_2$）和碳酸铜（$CuCO_3$）。其中硫酸铜不仅生物学效价高，而且还有抗菌作用，饲用效果好，应用广泛。

锌：含锌的添加剂有氧化锌（ZnO）、碳酸锌（$ZnCO_3$）、硫酸锌（$ZnSO_4 \cdot 7H_2O$），它们生物学效价都较高，在猪饲料中常用硫酸锌，外观为白色结晶粉末。但在高温高湿地区容易水解，故最好用氧化锌。

锰：含锰的添加剂有硫酸锰（$MnSO_4 \cdot 7H_2O$）和氧化锰（MnO）。氧化锰的生物学效价较低，但价格最便宜，仍然常被使用。在养猪饲料中常用硫酸锰，为白色略带粉红色结晶。

硒：是畜禽必需的微量元素，但又是剧毒物质。我国大部分是缺硒地区，特别在东北、西北、华南地区更是严重缺硒，因此，在猪饲料中添加亚硒酸钠（$NaSeO_3$）尤为重要，既可预防白肌病，又可提高饲料利用率。但在配合饲料中使用时要充分搅拌均匀，以防止硒中毒而造成生产损失。

碘：常用的含碘化合物有碘化钾（KI）和碘酸钙$[Ca(IO_3) \cdot 2H_2O]$等。碘化钾化合物不够稳定，易分解而引起碘的损失。碘酸钙在水中溶解度较低，也比较稳定，生物学效价和碘化钾相似，故常被使用。

钴：作为补钴的添加剂常用硫酸钴（$CoSO_4 \cdot H_2O$），呈血青色。

生产使用中补充各种元素所需的化合物及含量见表3-2，供参考。

表3-2 补充微量元素的化合物及元素含量表

含元素的化合物	化学式	元素含量（%）
硫酸亚铁	$FeSO_4 \cdot 7H_2O$	Fe: 20.1
碳酸亚铁	$FeCO_3 \cdot H_2O$	Fe: 41.7
碳酸亚铁	$FeCO_3$	Fe: 48.2
氯化亚铁	$FeCl_2 \cdot 4H_2O$	Fe: 28.1
氯化铁	$FeCl_3 \cdot 6H_2O$	Fe: 20.7
氯化铁	$FeCl_3$	Fe: 34.4
硫酸铜	$CuSO_4 \cdot 5H_2O$	Cu: 39.8; S: 20.06
氯化铜	$CuCl_2 \cdot 2H_2O$（绿色）	Cu: 47.2; Cl: 52.71
氧化镁	MgO	Mg: 60.31
硫酸镁	$MgSO_4 \cdot 7H_2O$	Mg: 20.18; S: 26.58
碳酸铜	$CuCO_3 \cdot Cu(OH)_2 H_2O$	Cu: 53.2
碳酸铜（碱化）孔雀石	$CuCO_3 \cdot Cu(OH)_2$	Cu: 57.5

续表

含元素的化合物	化学式	元素含量（%）
氢氧化铜	$Cu(OH)_2$	Cu: 65.2
氯化铜（白色）	$CuCl_2$	Cu: 64.2
硫酸锰	$MnSO_4 \cdot 5H_2O$	Mn: 22.8
碳酸锰	$MnCO_3$	Mn: 47.8
氧化锰	MnO	Mn: 77.4
氯化锰	$MnCl_4 \cdot 4H_2O$	Mn: 27.8
硫酸锌	$ZnSO_4 \cdot 7H_2O$	Zn: 22.7
碳酸锌	$ZnCO_3$	Zn: 52.1
氧化锌	ZnO	Zn: 80.3
氯化锌	$ZnCl_2$	Zn: 48.0
碘化钾	KI	I: 76.4；K: 23.56
二氧化锰	MnO_2	Mn: 63.2
亚硒酸钠	$Na_2 \cdot SeO_3 \cdot 5H_2O$	Se: 30.0
硒酸钠	$Na_2 \cdot SeO_4 \cdot 10H_2O$	Se: 21.4
硫酸钴	$COSO_4$	CO: 38.02；S: 20.68
碳酸钴	$COCO_3$	CO: 49.55
氯化钴	$COCl_2 \cdot 6H_2O$	CO: 24.78

2. 非营养性添加剂

（1）抑菌促生长剂和驱虫保健剂

主要是指抗生素及驱虫类药物，这类添加剂用于促进生长，提高饲料效率，保持稳定的生产能力和控制疾病感染。在猪的日粮中最常用的抗菌素有喹乙醇、杆菌肽锌、速大肥、盐霉素、阿散酸、泰乐菌素和土霉素等。驱虫保健剂药物有莫能菌素、氯苯胍等，通常产品标签中对使用对象、年龄，在饲料中添加量等都有明确规定。

（2）抗氧化和防腐剂

饲料保藏不当，通常会变质，影响饲料的适口性，降低营养价值，甚至产生有毒物质，直接危害猪的健康。为使饲料在贮存期质量不受影响，可使用饲料抗氧化剂和防腐剂。

（3）着色剂和调味剂

为了提高畜产品的可观性和商品价值，在饲料中加入着色剂。为了增加猪的食欲，在饲料中加入各种香料和调味剂，对提高饲料效率起到重要作用。

（4）保健及生长促进剂

为了提高畜禽饲料的饲养效果和经济效益，在畜禽全价料或预混料中都添加一些促生长剂，主要有有机酸类、益生菌类、酶制剂类、微量元素铜和矿石类等。

第三节　猪的饲养标准及饲料种类

一、饲养标准的概念及应用

1. 饲养标准的含义

（1）简单含义

饲养标准是指畜禽每日每头需要营养物质的系统概括、合理的规定，或每千克饲粮中各种营养物质的含量或百分比。

（2）正式含义

饲养标准是用以表明家畜在一定生理生产阶段下，从事某种方式的生产，为达到某一生产水平和效率，每头每日供给的各种营养物质的种类和数量，或每千克饲粮各种营养物质含量或百分比。它加有安全系数（保险系数、安全余量），并附有相应的饲料营养价值表。

2. 营养需要的概念

（1）营养供给量

是结合生产人为的供应量，它实质上是以高水平为基础，保证群体大多数家畜需要的营养物质都能满足。它加有安全系数，所以有一些浪费。

（2）营养需要

是指畜禽最低营养需要量，它反映的是群体的平均需要量，未加安全系数。生产单位可根据自己的饲料情况和畜群种类和体况加以适当调整，满足动物需要量。

3. 饲养标准的作用

科学饲养标准的提出及其在生产实践中的正确运用，是迅速提高养猪生产和合理利用饲料资源的依据，是保证生产、提高生产效率的重要技术措施，是科学技术用于实践的具体化，在生产实践中具有重要作用。饲养标准是由国家（或地区）的主管部门颁布的，对生产具有指导作用，是指导猪群饲养的重要依据，它能促进实际饲养工作的标准化和科学化。它是发展配合饲料生产，提高配合饲料产品质量的依据。

4. 饲养标准的理解和使用

饲养标准具有一定的科学性、代表性，对任何一种饲养标准，都不应把它看成是不变的。这是因为：

①饲养标准规定的指标，并不是永恒不变的指标，而是在不断地发生变化的，随着动物与饲养科学的发展，畜禽品种质量的改良和提高，生产水平的提高，饲养标准也在不断地进行修订、充实和完善。

②饲养标准是生物类型的标准，它具有局限性、地区性。因此，应用时要根据实际情况和饲养效果，适当地进行调整，以求饲养标

准更接近于实际生产。

③饲养标准是在一定的条件下制定的,它所规定的各种营养物质的数量,是根据许多试验结果的平均数据提出来的,而且只是一个概括的平均数,不可能完全符合每一个体群体的需要,因此应用时必须因地制宜,灵活应用。不能不考虑畜群的生态环境、技术水平、饲养条件等情况,脱离实际生搬硬套。

④对饲料成分表和其营养价值参数也应重视其科学性和应用时的灵活性。因为虽然饲料成分表的数字都是通过科学的分析而得来的,但饲料成分表尤其是常用饲料成分表是不能将所有含高营养成分与含低营养成分的饲料都列出来的。而只能列出居中的数,如玉米的蛋白质含量在7%~9%的范围内,但大多数在8.2%~8.9%,而在饲料成分表所列数字为8.6%。以此类推,可见一斑。总之,既要看到饲养标准的科学性,把它作为科学养猪配制日粮的重要依据,又要看到它的相对合理性,要灵活应用,并要在科学实验和生产实践经验的基础上加以修订,使它日益完善。

二、饲料种类

1. 饲料原料

是指以一种动物、植物、微生物或矿物质为来源的饲料。

2. 配合饲料

是根据动物营养需要和各种单一饲料原料的营养价值,按饲料配方将多种饲料原料依一定的工艺生产的饲料。

3. 全价配合饲料

是指理论上除水分以外能全部满足动物营养需要的配合饲料。动物采食全价配合饲料,能获得理想的生长发育和达到最佳生产水平,动物养殖者能获得最大的经济效益。全价配合饲料是饲料加工企业中生产量最大、所用原料最多的商品饲料,其中所用原料种类及半成品饲料名称见图3-1。

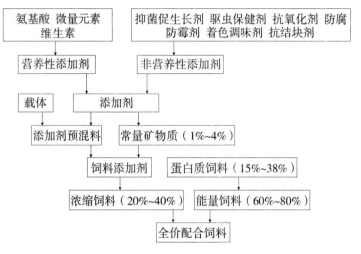

图3-1　全价配合饲料的组成示意图

4. 浓缩饲料

又称蛋白质补充饲料,是由蛋白质、矿物质和添加剂预混料按一定比例配制而成的均匀混合物。浓缩饲料通常按20%~40%的用量,加上60%~80%能量饲料,这就是配合饲料的全部组成。

5. 添加剂预混饲料

添加剂预混饲料是由1种或多种饲料添加剂与载体或稀释剂按一定比例配制均匀的混合物,又可称为预混料。仅有1种饲料添加剂的预混料叫单一预混料,如维生素A预混料、磷酸钙预混料、亚硝酸钠预混料等等。由两种或两种以上饲料添加剂组成的预混料叫复合预混料。通常在全价配合饲料中使用的复合预混料,包括维生素、矿物质、微量元素、氨基酸等营养性添加剂及抑菌促生长剂、驱虫保健剂、防腐防霉剂、调味着色增香剂、抗结块剂及黏结剂等。

6. 载体

是能够承载微量活性成分,改善其分散性,并有良好的化学稳定性的可饲用物质。微量成分和载体能很好地混合,且混合后的微量组分能够吸附或镶嵌在载体上面,同时可改变微量成分的混合特性和外观性状。

7. 稀释剂

是一种与高浓度组分混合,以降低其浓度的可饲物质,它与载体不同之处是稀释剂,本身不吸附活性成分,它与微量活性成分之间的关系是一种简单的机械混合,不改变微量组分的物理特性,可以不具备承载能力。

8. 粒度

是指饲料原料与饲料成品的粗细度。水生动物及畜禽的配合饲料,通常由许多种以不同量加入的原料混合而成。如1粒250~400mm鱼虾饲料会有50种不同的原料。因此要求在每一微粒饲料中应含有按配方比例组成的50种原料,这便要求每一种原料的粒子直径大小都要根据其在配方中的用量来决定。配合饲料粒度是制造配合饲料中很重要的一项控制指标。

9. 液体饲料

以液体状态用于加工或饲喂的饲料产品被称为液体饲料。使用较广泛的液体饲料有:油脂、糖蜜、液态氯化胆碱、玉米渗出液、蛋氨酸等。

10. 颗粒饲料

颗粒饲料是将粉状饲料通过机械加工压缩使其穿过模孔而制成的粒状饲料,也叫硬颗粒饲料。与此相对应的饲料为软粒饲料,指水分含量高,需立即喷涂粉剂和冷却的颗粒。

颗粒饲料的优点是:

①提高饲料原料的均匀度。在制粒工序中,粉状料经过一定时间的调质和挤压,在水分、温度和压力三者综合作用下,饲料中淀粉糊化,颗粒饲料中有效成分不易分离、分级,从而保证畜禽采食平衡日粮的均匀度;动物采食颗粒料比相同质量的粉料体增热相对减少,有利于提高吸收养分的净利用率。

②减少运输贮存损失。通过制粒可增加饲料容重,便于运输,减少自然损耗。

③防止动物挑食抛洒,保证动物实际采食饲料原料的均匀质量。

另外,在制粒挤压过程中,饲料会受热,从而破坏养分,因此,在加工工艺方面需掌握适度。

第四节 猪饲料配合技术和配方

一、饲料配合原则

1. 营养全面

所谓营养全面,就是使日粮中的蛋白质和氨基酸、能量、矿物质和维生素达到饲养标准的要求。要做到这一点,必须用多样化的饲料来配合日粮,这样可使多种饲料之间的营养物质得到相互补充,从而提高日粮的营养价值。

2. 营养水平要适宜

因猪生长快,瘦肉率高,要求营养水平较高,在配猪料时,要使各营养成分之间达到平衡,其中要特别注意必需氨基酸的平衡,这样才能收到良好的效果。

3. 饲料体积适宜

在配制饲料时，一定要注意猪的采食量与饲料体积大小的关系。如配合饲料体积过大，由于猪的胃肠容积有限，吃不了那么多，营养物质得不到满足。反之，如饲料体积过小，猪多吃了浪费，按标准饲喂达不到饱腹感，还会影响饲料利用率的提高。

4. 控制粗纤维含量

猪是单胃动物，对粗纤维消化率较低。粗纤维含量过高不但自身不能供能，还会降低其他营养物质的利用率，降低猪的生产性能。配合饲料中粗纤维的含量，仔猪不超过4%，育肥猪不超过8%，公母种猪不超过12%。

5. 注意饲料的适口性

在配制饲料时要注意饲料的适口性，适口性好，可刺激食欲，增加采食量。反之则降低采食量，影响生产性能。

6. 因地制宜选择饲料

在养猪生产成本中，饲料费用所占的比例最大，为60%~70%。所以在配制饲料时，既要考虑满足营养需要，又要考虑成本。可根据当地情况，选择来源广泛、价格低廉、营养丰富的饲料，从而降低饲养成本。

二、饲粮配合步骤

猪的饲粮配合首先是根据猪对各种营养素的需要量，即"饲养标准"，结合猪常用饲料的营养成分和营养价值表，充分利用当地饲料资源配合饲料。

①首先应选用适宜的饲养标准和参考饲料成分表。我国已有的饲养标准可以参照使用，如本地区有标准则可用本地区的标准；如

国内没有的标准可参考国外的标准。

②查出并列举对所配日粮的营养需要或营养供给量。

③确定什么饲料可以使用，并在饲料成分表中查出其营养成分和营养价值。

④确定采用的饲料原料价格。

⑤确定所用原料的局限性和限量。

⑥参考可消化（利用）氨基酸参数配制饲粮。试验研究发现，不同蛋白质饲料来源的氨基酸在动物体内的利用率有很大的差异。因此，在猪日粮配方中采用标准化理想可消化氨基酸，这样更能体现饲料中有多少氨基酸可以被猪利用，这样的配方更精确，可确保配合饲料的稳定性及效果的一致性。

⑦参考净能参数计算日粮能量。净能体系能够更准确地反映猪可以实际利用的能量，对于高蛋白或高纤维的饲料，采用净能体系计算配方会更准确，因为其他两种体系会高估高纤维、高蛋白饲料的能值，采用净能体系时这些饲料的能值要低很多。

⑧参考"可利用氨基酸平衡""矿物质平衡""酸碱平衡"等理论，使配方营养更合理、更经济。

三、各类猪群饲料配合注意点

1. 仔猪料配制注意点

仔猪料的配制应充分考虑到仔猪消化道的特点和抵抗力的特点去配制，要既考虑消化特点又考虑经济效益。

2. 后备猪料配制注意点

后备猪料应考虑钙、磷的添加数量和比例。

3. 公猪料配制注意点

考虑公猪生产特点，结合猪精子的组成成分，在配制饲料时应加大蛋白饲料和部分矿物质微量元素的添加。

4. 妊娠母猪料配制注意点

应考虑母猪怀孕前后期对营养的不同需求去添加各种成分。

四、饲粮配合方法

饲粮配合方法有许多种,如方块法、联立方程式法、矩阵法、试差法、电子计算机法(程序法)。尽管有时每种方法计算出的结果有所差异,如果做得正确,最后结果都是接近的,即能提供出一个比例合适、营养物质平衡和满足需要量的配方。

1. 试差法

试差法是最常用的一种方法。它是根据经验粗略地拟出各种原料的比例,然后乘以每种原料的营养成分百分比,计算出配方中每种营养成分的含量,再与饲养标准进行比较。若某一营养成分不足或超量时,通过调整相应的原料比例再计算,直至达到满足营养需要量为止。

现以体重10~20kg阶段仔猪为例,说明试差法配制饲料的具体步骤。

第一步:查仔猪饲养标准。消化能(MJ/kg)13.85,粗蛋白质19%,钙0.64%,总磷0.54%,赖氨酸0.90%,蛋氨酸+胱氨酸0.59%。

第二步:确定选用饲料品种。现有饲料种类为:玉米、豆粕、麸皮、鱼粉、骨粉、食盐和预混料。

第三步:查猪的饲料成分及营养价值表(略)。

第四步:试配。初步确定各种风干饲料在配方中的重量百分比,并进行计算,得出初步配方计算结果,并与饲养标准进行比较。

(见表3-3)

表3-3 消化能和蛋白质的营养需要量比较

饲料种类	配比（%）	消化能（MJ/kg）	粗蛋白（%）
玉　米	60	14.477×0.60=8.6862	8.4×0.60=5.04
豆　粕	30	13.3×0.30=3.99	43×0.30=12.90
鱼　粉	3	4.0×0.03=0.12	60.5×0.03=1.815
麸　皮	4.2	12.0×0.042=0.504	14.5×0.042=0.609
骨　粉	1.5		
食　盐	0.3		
预混料	1		
合　计	100	13.3002	20.364
饲养标准		13.85	19
与饲养标准比较		−0.5498	+1.364

①调整消化能、粗蛋白质的需要量。与饲养标准比较结果，能量比饲养标准略低，粗蛋白质高于饲养标准。那么就要降低粗蛋白质含量，增加能量，就需要减少豆粕，增加玉米配比量。饲养标准规定粗蛋白需要量为19%，表中提供蛋白质20.364%，比饲养标准高出1.364（20.364−19）个百分点。如果用玉米进行调整，那么玉米含蛋白质8.4%，豆粕含蛋白质4.3%，调整蛋白质含量0.346（4.3%~8.4%）。因此，所增加玉米量为1.364/0.346=3.94，用等量玉米代替等量的豆粕，调整后日粮配合比例见表3-4。

表3-4 调整后营养成分计算结果

饲料种类	配比（%）	消化能	粗蛋白	钙	磷	赖氨酸	蛋氨酸+胱氨酸
玉米	64	9.26	5.37	0.025 6	0.134	0.172 8	0.208
豆粕	26	3.45	11.18	0.083	0.161	0.019 7	0.020
鱼粉	3	0.42	1.82	0.138	0.064 5	0.66	0.301 6
麸皮	4.2	0.72	0.61	0.007	0.032	0.109	0.057
骨粉	1.5			0.4	0.1985		
食盐	0.3						

续表

饲料种类	配比(%)	消化能	粗蛋白	钙	磷	赖氨酸	蛋氨酸+胱氨酸
预混料	1						
合计	100	13.85	18.98	0.6536	0.59	0.9615	0.5866
饲养标准		13.85	19	0.64	0.54	0.90	0.51
与饲养标准比较		0	−0.02	+0.0136	+0.05	+0.0615	+0.0766

②调整钙、磷需要量。从表3-4可以看出，与饲养标准相比，钙、磷需要量基本合适，不需要再调整。

③调整氨基酸。猪需要10种必需氨基酸，计算起来比较麻烦。有些氨基酸通过饲料可以满足需要。因此，在实际饲养中应注意赖氨酸和蛋氨酸+胱氨酸的需要量，从表3-4可以看出，与饲养标准比较结果，采用豆粕和鱼粉配制仔猪日粮，达到仔猪赖氨酸和蛋氨酸的营养需要量，不需要再添加氨基酸。如果配制猪日粮时，减少豆粕和鱼粉的比例，增加一定比例量的棉粕或菜粕，那就必须注意氨基酸的添加，才能达到猪的氨基酸营养需要。

④维生素和微量元素需要量。在配制饲料时一般不做计算，只需按产品说明添加维生素和微量元素预混料即可。配制的饲料要与饲养标准进行比较，检查钙、磷、氨基酸是否平衡和维生素是否达到标准要求，只有满足了标准要求才能发挥猪对饲料的利用率。

2. 计算机配方软件

计算机配方软件技术由初等代数上升为高等数学，主要是应用运筹学的各种规划方法，使配方设计由单纯的配合走向配合与筛选相结合，能够较全面地考虑营养、成本和效益，克服了手工配方的缺点，为配方调整、经济效益分析和采购决策提供大量的参考信息，大大提高了配方设计效率，实现成本最小化、收益最大化的目标。目前国内外已有许多配方设计软件, 有的可以设计最低成本配方, 有的可以设计最好效益配方, 有的一次设计出多个配方供选择。电脑配方设计软件都有专门的操作方法, 读者如有兴趣可看专门的说明书, 这里不作详述。

五、典型饲料配方实例（见表3-5）

表3-5 典型饲料配方

饲料种类 \ 月份	仔猪 (7~15kg)		小猪 (15~30kg)		中猪 (30~60kg)		大猪 (60~100kg)		妊娠母猪	泌乳母猪		种公猪
	1	2	3	4	5	6	7	8	9	10	11	12
黄玉米	59.0	59.0	68.0	68.0	70.0	70.0	72.4	74.0	68.0	67.0	67.0	69.0
小麦麸	3.6	4.2	5.5	5.8	5.3	6.5	10.0	8.4	16.0	8.0	10.0	16.5
大豆粕	7.0	8.0	17.8	17.0	15.0	16.0	12.0	12.0	8.0	15.0	12.0	10.0
膨化大豆	13.0	14.0	0	0	0	0	0	0	0	0	0	0
鱼粉（国产）	3.0	3.0	0	2.0	0	0	0	0	0	0	0	2.0
玉米蛋白粉	6.5	5.0	5.0	4.0	0	0	0	0	0	0	3.00	
棉籽粕	0	0	0	0	4.0	4	0	2.0	2.0	3.0	4	0
菜籽粕	0	0	0	0	2.0	0	2	0	2.0	3.0	0	0
乳清粉	5.0	4.0	0	0	0	0	0	0	0	0	0	0
磷酸氢钙	0.9	0.9	1.2	0.8	0.8	0.8	0.7	0.7	1.2	1.2	1.0	0
石粉	1.0	1.0	1.0	1.0	1.0	1.0	1.0	1.0	1.1	1.1	0.9	
食盐	0.2	0.2	0.3	0.3	0.3	0.3	0.3	0.3	0.3	0.3	0.3	0.3
赖氨酸	0.50	0.40	0.40	0.35	0.3	0.25	0.28	0.28	0.1	0.15	0.15	0
蛋氨酸	0	0	0.06	0.05	0	0.03	0.03	0.03	0	0.15	0	0
复合维生素	0.02	0.02	0.02	0.02	0.02	0.02	0.02	0.02	0.02	0.02	0.02	0.03
微量元素预混	0.3	0.3	0.3	0.3	0.3	0.3	0.3	0.3	0.3	0.3	0.3	0.3
植物油	0	0	0.4	0.4	1.0	1.0	1.5	1.5	0	1.0	1.0	0

续表

饲料种类 \ 月份	仔猪（7~15kg）		小猪（15~30kg）		中猪（30~60kg）		大猪（60~100kg）		妊娠母猪	泌乳母猪		种公猪
	1	2	3	4	5	6	7	8	9	10	11	12
消化能（MC/kg）	3.31	3.34	3.22	3.23	3.20	3.20	3.20	3.20	3.10	3.15	3.13	3.10
粗蛋白质（%）	19.2	19.2	17.8	17.8	16.0	16.0	14.0	14.0	13.5	16.0	16.0	14.0
钙（%）	0.9	0.9	0.8	0.8	0.7	0.7	0.65	0.65	0.8	0.8	0.8	0.8
有效磷（%）	0.4	0.4	0.3	0.3	0.25	0.25	0.24	0.24	0.32	0.32	0.32	0.35
赖氨酸（%）	1.30	1.31	1.10	1.10	0.9	0.9	0.83	0.83	0.62	0.85	0.82	0.60
蛋氨酸+胱氨酸	0.69	0.68	0.66	0.66	0.55	0.55	0.51	0.51	0.45	0.55	0.55	0.48

第五节　猪的营养缺乏症

一、矿物质缺乏症

1. 钙、磷缺乏症

猪易出现钙、磷缺乏症。出现钙、磷缺乏后，大多数猪都表现出食欲下降、生长停滞、消瘦、跛行、强直、骨骼脆弱和繁殖性能受损。幼龄仔猪钙、磷缺乏出现佝偻病，成年猪出现骨软化症（骨松症）。钙、磷缺乏症与维生素D的缺乏紧密相关。

幼猪出现佝偻病的主要表现为骨骼生长发育畸形、长骨端肿大，步态僵硬或跛行甚至骨折，还发生弓背。佝偻病是钙、磷代谢障碍导致的生长幼猪骨骼不能钙化引起的骨组织病，日粮中钙、磷缺乏，或其中之一缺乏，或二者比例不适，或维生素D不足均可发生。

骨软化症（骨松症）是成年猪钙、磷代谢障碍的疾病，也是日粮中钙、磷、维生素D缺乏或不平衡所引起的疾病，常见于母猪、妊娠母猪或泌乳高峰期的母猪。在母猪妊娠和哺乳阶段，钙、磷出现负平衡是一种生理现象，这种情况下，机体会动员骨内的钙、磷进入血液供给胎儿、泌乳的需要，这个阶段如果日粮中长时间钙、磷供给不足，骨中钙、磷得不到补充，就会产生溶骨现象。出现溶骨现象后即使饲料中供给充足钙、磷和维生素D也难以再恢复。

钙磷不能缺乏，但也不能过量，过量也对猪有影响，高钙可影响磷、镁、铁、碘、锌、钴的吸收，导致其他元素的缺乏。例如，高钙、低锌的日粮,促使猪锌的缺乏,而产生皮肤不完全角质化。高磷与高钙类似,长期高磷(高于正常2~3倍)会引起钙代谢变化或其他继发性机能异常,使骨组织产生病变。

2. 钠、氯缺乏症

日粮中缺乏钠、氯可表现食欲减退,生产力下降,饲料利用率降低,不喂食盐或饲喂不足,猪出现异食癖、互相咬尾巴、舔圈墙、啃木头等现象,严重缺乏时发生肌肉颤抖、四肢运动失调,母猪泌乳量也受影响。

3. 镁缺乏症

在生产实践中,一般较难观察镁的缺乏症。据报道,缺镁症状为应激过敏、肌肉痉挛不愿站立、平衡失调、抽搐、突然死亡。

4. 铁缺乏症

缺铁的主要表现为贫血,即缺铁性贫血(低色素小红细胞贫血)。临床表现为生长缓慢、昏睡、可视黏膜变白、被毛粗糙、呼吸频率增加或膈肌突然痉挛、抗病力弱,严重时死亡率高。猪贫血后对传染病敏感性增大,易患腹泻、肺炎等。初生仔猪易出现缺铁性贫血,主要由于初生仔猪每千克体重仅含30~50mg铁,初生早期生长率极高,每天需供给铁7~16mg,或每增加1kg体重需21mg铁。

二、维生素缺乏症

1. 脂溶性维生素缺乏症

(1)维生素A缺乏症

猪日粮中缺乏维生素A可导致增重下降,饲料转化率低,运动失调,后肢瘫痪,失明(干眼病),脑脊液压升高,血浆和肝中维生素A下降。

（2）维生素D缺乏症

可引起钙和磷吸收和代谢紊乱，使骨钙化不足，幼猪缺维生素D会导致佝偻病，成年猪患骨软化症，严重缺乏维生素D表现为钙和镁的缺乏症。

（3）维生素E缺乏症

维生素E缺乏与硒或抗氧化剂有关，维生素E的缺乏症与硒的缺乏相似，猪出现肝坏死、脂肪组织变黄、血管受损水肿、胃溃疡。种猪缺乏维生素E，公猪出现睾丸生殖上皮变性，母猪表现出胎盘及胚胎血管受损、胚胎死亡和被吸收，所产仔猪较弱。

2. 水溶性维生素缺乏症症

水溶性维生素除胆碱外，其他的多是辅酶的组成成分，对碳水化合物、脂肪和蛋白质代谢很重要。如果饲料中一种或数种维生素缺乏，均能出现猪的食欲下降、生长缓慢、饲料转化效率低、腹泻等症状。除上述症状外还有其特殊症状。

（1）维生素B_1（硫胺素）缺乏症

维生素B_1广泛存在于青绿饲料和谷物籽实及其副产品中，尤其谷物外皮含量丰富。用常规饲料喂猪，很难发生猪维生素B_1缺乏症。但有时也会缺乏，其缺乏症状主要为食欲下降、增重减慢、体温下降、心率下降、偶尔呕吐、出现神经症状、心肌水肿和心脏扩大等。

（2）维生素B_2（核黄素）缺乏症

维生素B_2是由二甲基异咯嗪和一个核糖侧链组成。维生素B_2作为两个辅酶——黄素腺嘌呤单核苷酸（FMN）和黄素腺嘌呤二核苷酸（FAD）的组成成分参与体内能量、蛋白质和脂肪代谢，是体内生物氧化所必需的。猪对核黄素的需要量为$2 \sim 4mg / kg$体重。维生素B_2缺乏主要症状为腿弯曲、僵硬、皮厚、皮疹、背和侧面有渗出物、晶状体浑浊和白内障。母猪表现食欲减退、不发情或早产、胚胎死亡和胚胎被重吸收。

3. 维生素PP（烟酸、尼克酸）缺乏症

维生素PP在机体内主要以辅酶1（NAD）和辅酶2（NADP）的形式参与代谢，在动物的能量利用及脂肪、蛋白质和碳水化合物合成与分解方面都起着重要的作用，烟酸对维持皮肤和消化器官正常功能不可缺乏。除新生仔猪外，各种猪都能将饲料中的色氨酸转化成尼克酸，所以，测定猪对尼克酸的需要量比较复杂。猪烟酸的需要量为$10\sim22mg/kg$体重。维生素PP缺乏时症状表现为食欲减退、生长缓慢、呕吐、皮肤干燥、皮炎和鳞片样皮肤脱落、被毛粗糙。有些猪后肢肌肉痉挛，唇部和舌部溃烂。

4. 泛酸缺乏症

泛酸（又称抗皮炎因子），它是辅酶A的组成成分，辅酶A存在于所有组织中，对碳水化合物和脂肪代谢中二碳单位分解和合成代谢非常重要。泛酸与皮肤和黏膜的正常生理功能、毛发的色泽、对疾病的抵抗力有很重要的关系。猪对泛酸的需要量为$10\sim13mg/kg$体重。日粮中缺乏泛酸导致生长缓慢、厌食、腹泻、皮肤干燥、被毛粗糙、脱毛、眼周围呈现深黄色分泌物、免疫反应降低和猪的后腿僵直、痉挛、站立时后躯发抖。母猪配种后出现不怀胎或死胎。

5. 维生素B_{12}缺乏症

维生素B_{12}，又名氰钴素、钴胺素。维生素B_{12}结构最复杂，是唯一含有金属元素（钴）的维生素。在维生素中，它的需要量最低，但作用最强，它的特点是在自然界中仅有微生物可合成，而植物性饲料中通常不含有维生素B_{12}。维生素B_{12}是正常血细胞生成、促进生长和各种代谢过程所必需的。维生素B_{12}作为辅酶，参与由甲酸盐、甘氨酸或丝氨酸衍生的活性甲基的重新合成，和它们转移成同型胱氨酸再合成蛋氨酸。维生素B_{12}在尿嘧啶甲基化形成胸腺嘧啶的过程中也非常重要，胸腺嘧啶可转化胸腺嘧啶脱氧核苷，后者用于RNA的合成。猪对维生素B_{12}需要量为每千克饲料$11\sim20\mu g$。维生素B_{12}缺乏表现为正常红细胞贫血，中性白细胞数增加和淋巴细胞数减少，巨红细胞贫血，骨髓增生，肝脏和甲状腺增大。母猪缺乏维生素B_{12}会导致流产，胚胎异常和产仔数少。

6. 叶酸缺乏症

叶酸在许多单碳水化合物的代谢转化中起着非常重要的作用，特别是在蛋白质和核酸的代谢过程中。叶酸参与单碳转移的特殊反应主要有丝氨酸与甘氨酸的相互转变，组氨酸的降解，嘌呤的合成，蛋氨酸、胆碱和胸腺嘧啶等化合物的甲基合成。猪对叶酸需要量为每千克饲料0.3mg。叶酸缺乏主要症状为巨红细胞性贫血和白细胞减少、生长不良、贫血、繁殖率降低。在猪日粮中喂磺胺药和叶酸颉颃物的情况下会出现叶酸缺乏症。

7. 生物素缺乏症

生物素又称维生素H和抗卵清损害因子。生物素是转化反应酶系中许多酶的辅酶，它在碳水化合物、脂肪和蛋白质代谢中具有重要作用。一般青绿饲料、谷物、豆饼、酵母饲料中都含有生物素，能满足猪的需要。在生产中较难观察到生物素缺乏症。当饲粮中加入生鸡蛋清时，可观察到缺乏症，因为蛋清中含有抗生物素蛋白。所见缺乏症为过度脱毛、皮肤溃烂和皮炎、口腔黏膜发炎、蹄横裂、脚垫裂缝并出血。

8. 胆碱缺乏症

胆碱虽然被归于维生素之列，但严格讲又不是真正的维生素，而且已知胆碱不参与任何酶系统。事实上，胆碱是脂肪和神经组织的结构成分，动物对胆碱的需要量极高，已超过其他维生素的需要量。胆碱主要存在于乙酰胆碱和磷脂中，饲料中的胆碱可满足猪对胆碱的代谢需要，在猪体内也能用游离甲基合成胆碱。甲基可来源于蛋氨酸和其他甲基供体，胆碱也可提供甲基。甲基在体内运转过程中，胆碱与蛋氨酸、维生素B_1与叶酸之间具有相互作用。胆碱对于肝脏的长键脂肪酸的磷酸化，以及脂肪酸在肝中氧化都是必需的。猪的胆碱需要量为300~1 250mg／kg体重，胆碱的需要量受日粮蛋白水平、脂肪含量的影响。幼猪日粮中缺乏胆碱，表现为增重减缓、发育不良（腿短、垂腹）、被毛粗糙、贫血、虚弱、共济失调、步态不平衡和蹒跚、关节松弛、脂肪肝、肾小管闭塞、肾小管内上皮坏死。母猪缺乏胆碱影响繁殖机能，其泌乳量下降，仔猪成活率低，断乳体重小。

9. 维生素B_6（吡哆醇）缺乏症

维生素B_6（吡哆醇），目前市场上出售商品为吡哆醇。吡哆醛-5磷酸酯（辅酶）型和维生素B_6在蛋白质代谢中起着重要的作用，所以被称为蛋白质维生素，同时在中枢神经系统功能中起关键作用。它对脂肪和碳水化合物的代谢、色氨酸的分解和各种矿物质无机盐的代谢有一定作用。猪对维生素B_6需要量为1~2mg／kg体重。谷实、豆类、动物性饲料、酵母饲料中含有维生素B_6，所以在生产中不易产生明显的缺乏症。亚麻饼中含维生素B_6的抑制因子，如果饲粮中含有亚麻饼时，应注意添加维加素B_6。维生素B_6缺乏可导致猪食欲不振，生长慢。严重时，眼周围出现黄色渗出液、皮下水肿、癫痫样抽搐、共济失调、昏迷和死亡。缺乏的典型特征是感觉神经元外周髓脂质和轴突退化，引起皮炎、红细胞低色素性贫血、脂肪肝。

三、猪异食癖治疗验方

①猪吃煤渣、泥土，要补充铁、锰、锌、镁等多种微量元素。

②猪吃猪粪，应喂服或肌注维生素B_{12}，每天1次，每次

500～1 500ml，连用3～4d。

③猪吃石灰，应在其饲料中添加钙和磷，如熟石灰、骨粉等，也可以给其注射磷、钙制剂或加喂维生素。

④猪吃垫草，可在其饲料中添加兽用多维素添加剂，用量按说明书要求使用。

⑤对于吃胎衣和胎儿的母猪，除加强护理外，还可用河虾或小鱼100～300g煮汤饮服，每天1次，连服数日。

⑥猪吃砖块、饮尿，应在其饲料中添加0.5%～0.8%的食盐。

⑦对患寄生虫病的猪，应及时驱虫，常用的驱虫药有左旋咪唑和敌百虫等。

⑧对患慢性胃肠疾病的猪，治疗主要以抑菌消炎、清除肠内有害物质为原则，并结合补液、强心措施。

第四章　肉猪场的建设

　　猪场设计的目的是通过为猪创造一个更加适合其生长的环境，使猪在健康合理又不被破坏的环境下生长，为人类创造更多的产品。随着规模化和集约化养猪业的发展，使猪获得最佳的生存空间、最安全的防疫环境、最有利的生产条件、最合理的饲料转化率，以达到最佳的生物能源利用和环境友好型的发展。

　　猪场的建设包括规划设计、猪舍建设和养猪设备的合理利用。猪场建设的合理与否，对整个猪舍的内、外环境都有重要的影响。在实际建设过程中，首先要符合养猪生产工艺流程及生猪的生长发育特点，建成的猪舍既要符合不同阶段的猪生产需要，又要合理布局防止浪费；其次要考虑建设者的经济情况及选择的规模，按照建设者的实际情况，选择和饲养规模相适应的设备，最终达到提高生产水平和经济效益。

第一节　场址选择与布局

一、场址选择

　　猪场场址的选择是猪场建设的第一步，正确的选址是猪场建成后能够保持长久发展和取得良好经济效益的基础,一旦确定就不能更改,这就要求在选址时严谨、科学,具有长远目标。要慎重考虑建设地的自然条件和社会条件,综合考虑畜群的生理和行为需求、卫生防疫条件、生产工艺、饲养技术、生产流通、组织管理和场区发展等各种因素,科学地、因地制宜地处理好相互之间的关系。在选址时必须考虑下列条件:

1. 自然条件

(1)地理条件

猪场应建筑在地势较高、平坦、干燥、背风向阳、开阔整齐、稍有斜坡的无疫区内。平原建场应选择在中部较高,四周平坦,地下水位低,有利于排水的地方;山区建场应依山傍水,背风向阳,坡度不超过2%~5%,且日光充足的地方,在山窝里建猪场要考虑通风条件。不建议将猪场建在山顶、谷地和风口等处。

(2)水源

建设猪场要有充足和优质的水源,而且取水方便,成本低廉。由于水质直接影响到猪的产品品质,只有水质符合饮用水标准,才能做到生产出的产品符合有关要求,同时因为猪的用水量较大(见表4-1),如果成本太高对养殖的效益也有明显的影响。

表4-1 各类猪每天需水量

生长阶段	耗水量(L)	生长阶段	耗水量(L)
种公猪	10~15	母猪:90~172kg	5.4~13.6
断奶猪:12kg	2.3~3.2	母猪:产仔前	13.6~17.2
生长猪:27~36kg	3.2~4.5	母猪:产仔后	18.1~22.7
育肥猪:34~90kg	4.5~7.3		

注:引自《养猪生产》(刘海良主译,中国农业出版社,1998年8月)。

(3)防疫屏障

选择周围具有天然生物防疫屏障(山川、河流、湖泊)的地带建设猪场是猪场选址需要考虑的最佳条件,如果没有天然的屏障,必须距离主干公路1 000m以上,距离居民区500~1 000m,只有保持这样的距离才可以达到防疫要求。

2. 社会条件

(1)政策条件

养猪业是一个高污染行业,选址必须符合当地政府的用地规划,在允许养殖用地的范围内选址。选定后首先要向乡(镇)人民政府提出申请,经乡(镇)人民政府同意,再向县级畜牧主管部门提出规模化养殖项目申请,进行审核备案。

(2)运行条件

猪场选择要离电源较近并能获取足够且比较稳定的电力;交通方便,便于饲料的运入和产品的顺利运出,要能及时运出猪的粪便、废弃物等;要有较好的排水条件,能及时排出生产生活污水。

(3)环保条件

新办猪场在选址时要充分考虑其排污对周边村庄、河流、农田及大气的影响,要考虑当前及今后(发展)当地环境的承载能力,结合自身的处理能力作出科学综合的判断。选址要在村庄的下风向,禁止在生活饮用水源上游、风景旅游区及自然保护区建场,要符合国家质量监督检验总局发布的《农产品安全质量无公害畜禽肉产地环境》要求。

二、猪场布局与规划

1. 猪场的总体规划

猪场在布局前应作出总体规划,总体规划包括近期规划和远期规划,以方便生产、利于防疫,为企业未来的发展留有充足空间为原则。特别是在资金紧张的情况下,一定要设计好长远的规划,分期实施,以确保企业可持续健康发展。

2. 猪场的布局

猪场的总体布局一般分为管理区（行政区）、生活区、生产区、隔离区和废弃物处理区五个功能区，五个功能区在布局上要做到既相对独立又相互联系。

（1）管理区（行政区）

主要包括办公室、接待室、会议室（视频参观室）等，管理区应建设在生产区的上风向，自成一院与生产区隔离。

（2）生活区

主要包括职工宿舍、食堂、文化娱乐室及运动设施区，可以安排在办公区的平行主轴线上，同样位于生产区的上风向。

（3）生产区

主要包括原料仓库、饲料加工车间、成品仓库及各种猪舍等。原料仓库与外界相通，成品仓库与生产区（饲料运送道）相连。有条件的猪场可以将饲料区与养猪区隔开，距离300~500m。

猪舍的朝向应尽量坐北朝南（偏东7度最佳），这样有利于夏季通风降温、冬季避风保暖，当然也可根据场内的地形、地貌、水源、风向等自然条件，因地制宜作出调整；生产区内饲料运送道与粪便运送道要分开；各类猪舍排列有序，应根据风向自上而下，按公猪舍、母猪舍、生长（保育）猪舍、肥猪舍的顺序排列。肥猪舍最好靠近场区大门，以便肥猪出栏。猪舍的建筑形式要根据各养猪户的经济实力，可分为全敞开式、半敞开式和封闭式，公猪舍和后备（空怀）母猪舍以前敞式带运动场的形式较好。

生产区内还应在猪场大门的入口处设立消毒池、男女浴室、更衣室、紫外线消毒室、兽医室等防疫设施及消毒设备。

（4）隔离区

规模较大的猪场必须设置隔离区，建设隔离猪舍、兽医检查室、尸体解剖室等。主要用于引进猪的隔离观察、病猪的解剖和检查等，这个区域一般规划在猪场的下风向，一般距离生产区200m以上，其消毒、隔离及防疫设施要更齐全，在出现疫病后，必须进行严格消毒，同时对该区域排出的污水也必须进行消毒后排出。

（5）废弃物处理区

废弃物处理区主要任务是对污水、粪便和病死猪的处理，与粪便运送道相连。污水经过专用管道输入集污池，经过沼气发酵或生态处理，粪便人工清出后放置在堆置区，经发酵后还田或做有机肥加工处理。该区域最好设在下风向地势较低处，距离健康猪舍300m以上为宜。

（6）道路、排水及绿化

猪场分区布局后，道路、排水和绿化是很关键的，它关系到猪场的高效生产和安全防疫。场内道路应分设净道和污道，净道主要运输饲料等，污道主要运输粪便、污物及死猪，净道和污道互不交叉，而且路面要防滑。排水布局要因地制宜，以将污染减少到最低为目标。场区绿化、猪场绿化具有改善小气候、吸收臭气、降低噪音、防暑降温等作用，应根据猪场土地情况合理设计，在场区周围栽植隔离林，猪舍之间道路两旁栽种可以遮阴的树木，裸露的地面种植花草。

第二节 猪场建设

一、猪场建设的原则和参数

1. 猪场建设的原则

（1）最大限度地利用当地建材建设猪舍

猪场建设应因地制宜，就地取材。我国地域辽阔，建设猪场时首先要结合气候特点和猪的生理特点，选择建设适宜于当地气候的猪舍，如东北地区要注重保温，特别是仔猪舍和保育舍的保温；华南地区要考虑防热、防潮、防台风等。在建筑材料方面，要就地取材，既要做到坚固实用，又要节省成本，要在做到最大限度地满足猪的生理需要的同时将建筑成本降到最低，因为养猪是一个薄利行业，如果建筑成本太高，则直接影响到养猪的经济效益。

（2）最大限度地提高劳动生产率

猪舍布局要合理，便于操作，便于提高劳动生产率。随着劳动成本的增加，提高劳动生产率在猪场的经营管理方面愈来愈重要。在猪场建设中要科学地论证所采用的工艺流程，针对生产工艺进行猪舍的设计和布局，以最低的劳动消耗取得最大的效益为目标。

（3）最大限度地发挥猪的生产潜力

建筑和设施要符合猪的生理需要，要能充分发挥猪的最大生产潜力，如在寒冷的地区建设相应的保温设施，使猪的维持消耗降到最低；在炎热的地方建设防暑降温设施，同样降低猪的维持消耗，从而提高猪的生产潜力。

（4）最大限度地提高猪栏的利用率

仔猪出生、育肥、出栏需要经过下列几个阶段：哺乳期21日龄，保育期为35~49日龄，育成期49~56日龄，育肥期42~49日龄，100kg左右出栏。母猪、公猪培育期145~152d，母猪怀孕114d。建设猪舍时要精确计算各阶段所需猪栏数目，并合理地使用，使猪栏的利用率达到最高。

2. 猪舍设计的参数确定

要确定猪舍建筑规模及建筑需要，首先必须确定猪的生产技术参数，包括各类猪所需的栏位数、饲料需要量和产品生产数量，这些参数的取得主要依赖于遗传基础、生产力水平、技术水平和管理水平,按照目前的水平下列参数可供参考。

(1)生产工艺参数(见表4-2)

表4-2　猪舍建设主要技术工艺参数

项目	参数
妊娠期(天)	114
哺乳期(天)	35
保育期(天)	28~35
断奶至受胎(天)	7~14
繁殖周期(天)	156~163
肉猪生产周期(天)	154~196
猪舍冲洗消毒时间(天)	7
母猪产前进产房时间(天)	7
母猪配种后观察时间(天)	21
母猪年产胎次	2.2
母猪平均窝产仔数(头)	10
窝产活仔(头)	9
成活率	
哺乳仔猪成活率(%)	90
断奶仔猪成活率(%)	95
生长育肥猪成活率(%)	98
母猪年更新率(%)	25~30
公猪年更新率(%)	30
公母猪比例	1:25
母猪情期受胎率(%)	85

(2)猪群结构参数确定

一般从产仔到育成猪的猪舍可以分为:配种-妊娠猪舍、产仔猪

舍、断奶猪舍、生长-育成猪舍。（见图4-1）

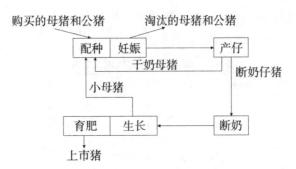

图4-1 从产仔到育成猪的猪舍布局

每阶段圈舍的大小、数量都可以根据每周的产仔数进行计算。

母猪数：母猪的规模要根据每头母猪每年的产仔窝数确定，可用下列公式计算。

母猪数=（窝数/周）×52/（窝数/母猪/年）

妊娠配种猪数量参数：主要饲养后备小母猪、空怀母猪和妊娠母猪，还需要接纳公猪，并建立配种栏。舍内母猪数依母猪群的繁殖性能而定。如果母猪每年产2窝，则繁殖周期就是26周（52/2）；如果母猪每年产2.17胎，则繁殖周期就是24周（52/2.17）。母猪群每年淘汰40%的母猪，因此需要补充足够的小母猪。

仔猪在产房4周断奶，饲养5周；在妊娠舍饲养19周（2周空怀+17周妊娠）。按下列公式可以计算出母猪年产窝数。

母猪年产窝数=52/（5周产房饲养+2周空怀+17周妊娠）

根据每头母猪产仔窝数计算妊娠配种猪舍数量，小母猪（40%）=窝数/周×3；空怀母猪=窝数/周×2；妊娠母猪=窝数/周×17；公猪=窝数/周+1。

产仔箱参数：产仔舍的大小根据产仔箱使用周期而定，采用全进全出设计。产仔箱的使用周期(装入和清洗1~2周,哺乳4~5周)可按照6周使用期进行设计。产仔箱参数=窝数/周×6。

断奶仔猪参数: 断奶仔猪可以采用全进全出的工艺设计成单房和多房设施。仔猪在断奶舍饲养5周,入舍周龄4周龄,体重7kg,离舍周龄9周龄,体重20kg。采用全漏粪地板,一头断奶猪所需的空间为0.23~0.28m^2。

生长育肥猪舍参数: 生长猪是指9周龄20kg入舍、17周龄体重60kg离舍。育肥猪是指17周龄体重60kg入舍、25周龄体重100kg离舍,进入猪舍的仔猪是以每周窝数计算的,猪舍的容量是以每周窝数乘以每窝仔猪数和在猪舍饲养的时间计算的。容纳能力=(窝数/周)×(仔猪数/窝)×周数。生长猪每头占猪舍面积为0.49m^2,育肥猪每头占猪舍面积为0.82m^2,圈舍长度一般不低于宽度的2.5倍。

生产实际中可根据表4-3确定养殖数量。

表4-3 以每周产仔X为基础的典型猪群结构

猪群	阶段	猪的数量
繁殖群		
在产仔栏母猪	1周龄清扫/入舍,4周龄哺乳	5X
繁殖群中的空怀母猪	断奶后1周	1X
小母猪(每年补40%)		3X
妊娠中的怀孕母猪	断奶后15周	15X
公猪(X+1后备)	连续	1X+1
总繁殖群		26X+1
哺乳仔猪		
期望每窝9头	4周龄哺乳	36X
断奶仔猪		
小仔猪(5~6周)	饲养2周龄	27X
大仔猪(7~9周)	饲养3周龄	27X

续表

猪群	阶段	猪的数量
总断奶仔猪		54X
生长育肥猪		
生长猪（10~17周龄）	8周龄生长	72X
育肥猪（18~25周龄）	8周龄育肥	72X
总生长育肥猪		144X
总群数		259X+1

二、猪舍建设

1. 不同阶段猪对不同建筑类型的空间要求

猪的大小不同对猪舍的面积要求不同，建筑结构不同容纳的猪数量也存在差异。因此在建设时要综合考虑，应根据不同的建设结构和猪的大小合理安排。（见表4-4）

表4-4　猪舍的空间要求

猪舍	母猪	断奶仔猪（≥25kg）	育肥猪（25~100kg）
一般猪舍			
硬地面	2.3m²/头	0.75 m²/头	1.9m²/头
放牧区	0.4hm²/2头带仔母猪	0.4hm²/25头	0.4hm²/10头
封闭式猪舍			
固体地面圈舍区	1.8m²/头	0.3 m²/头	0.35m²/头（≤45kg） 0.5m²/头（45~67kg） 0.7m²/头（≥67kg）
条缝地面圈舍			
总面积/猪	1.5m²/头（<180kg）	1.9 m²/头（>180kg）	0.2~0.3m²/头
条缝面积	35%~100%	30%~100%（100%最佳）	30%~100%（40%最佳）

续表

猪舍	母猪	断奶仔猪 （≥25kg）	育肥猪 （25~100kg）
条缝宽	25~32mm	9或25mm	25~32mm
条板宽	38~200mm	38~100mm	38~200mm
隔板高度	1.2m	0.7m	0.9m（直棒条）或 1m（固板）
饲槽长度	0.45m	0.25m	0.4m

注：公猪条缝地板占面积3.7m²/头，隔栏高度1.2m。

2. 各种猪舍的小气候要求

猪舍建设就是通过建设一些外围护设施，为猪创造良好的适宜生存的环境。猪在不同的生理阶段对环境的要求不同，建设时应尽可能满足其对环境的要求，做到既满足需要又尽可能降低成本。表4-5列出了猪对舍内环境的要求，可以作为建设猪舍时的参考。

表4-5 猪对猪舍环境的要求

项目		空怀与前期妊娠母猪	种公猪	妊娠后期母猪	哺乳母猪	哺乳仔猪	断奶仔猪	后备猪	育肥猪
温度(℃)		15(14~16)	15(14~16)	18(16~20)	18(16~20)	30~32	22(20~24)	16(15~18)	18(14~20)
相对湿度(%)		75(60~85)	75(60~85)	70(60~80)	70(60~80)	70(60~80)	70(60~80)	70(60~80)	75(60~85)
换气量(m³/h·kg)	冬季	0.35	0.45	0.35	0.35	0.35	0.35	0.45	0.35
	春秋季	0.45	0.6	0.45	0.45	0.45	0.45	0.55	0.45
	夏季	0.6	0.7	0.6	0.6	0.6	0.6	0.65	0.6
风速(m/s)	冬季	0.3	0.2	0.2	0.15	0.15	0.2	0.3	0.2
	春秋季	0.3	0.2	0.2	0.15	0.15	0.2	0.3	0.2
	夏季	≤1	≤1	≤1	≤0.4	≤0.4	≤0.6	≤1	≤1
窗地比(采光系数)		1/10~1/12	1/10~1/12	1/10~1/12	1/10~1/12	1/10~1/12	1/10	1/10	1/15~1/20
照度(lx)		75(30)	75(30)	75(30)	75(30)	75(30)	75(30)	75(30)	50(20)
噪声(dB)		≤70	≤70	≤70	≤70	≤70	≤70	≤70	≤70
微生物含量(万/m³)		10	6	6	5	5	5	5	8
有害气体浓度	CO(mg/L)	4	4	4	4	4	4	4	4
	NH₃(mg/m³)	20	20	20	15	15	20	20	20
	H₂S(mg/m³)	10	10	10	10	10	10	10	10
栏圈面积(头/m²)		2~2.5	6~9	2.5~3	4~4.5	0.6~0.9	0.3~0.4	0.8~1	0.8~1

注：①哺乳仔猪的温度为：第一周30℃，第二周26℃，第三周24℃，第四周22℃，除哺乳猪以外，其他猪舍温度为夏季最高温度不超过25℃。②人工照明的照度数字外的数字为荧光灯，括号内的数字为白炽灯。

3. 猪舍建设的基本要求

（1）基础和地面

基础的主要作用是承载猪舍自身重量、屋顶积雪重量和墙、屋顶承受的风力。基础的埋置深度，根据猪舍的总荷载、地基承载力、地下水位及气候条件等确定。基础受潮会引起墙壁及舍内潮湿，应注意基础的防潮防水。为防止地下水通过毛细管作用浸湿墙体，在墙的顶部应设防潮层。猪舍地面是猪活动、采食、躺卧和排粪尿的地方。地面对猪舍的保温性能及猪的生产性能有较大的影响。猪舍地面要求保温、坚实、不透水、平整、不滑，便于清扫和清洗消毒。地面一般应保持 2%～3%的坡度，以利于保持地面干燥。土质地面、三合土地面和砖地面保温性能好，但不坚固、易渗水，不便于清洗和消毒。水泥地面坚固耐用、平整，易于清洗消毒，但保温性能差。目前猪舍多采用水泥地面和水泥漏缝地板。为克服水泥地面传热快的缺点，可在地表下层用孔隙较大的材料（如炉灰渣、膨胀珍珠岩、空心砖等）增强地面的保温性能。新的水泥地面要经常用微酸性水冲洗，防止碱性过大损害猪蹄。

（2）墙壁

墙壁为猪舍建筑结构的重要部分，它将猪舍与外界隔开。按墙所处位置可分为外墙、内墙。外墙为直接与外界接触的墙，内墙为舍内不与外界接触的墙。按墙长短又可分为纵墙和山墙（或叫端墙），沿猪舍长轴方向的墙称作纵墙，两端沿短轴方向的墙称作山墙。猪舍一般为纵墙承重。猪舍墙壁主要是保温、隔热、防潮等，要求坚固、耐火、耐水，防止猪拱和便于消毒，墙壁的厚度应根据当地的气候条件和所选墙体材料的热工特性来确定，既要满足墙的保温要求，同时尽量降低成本和投资，避免造成浪费。内墙地面以上1.0～1.5m高的墙面应设水泥墙裙,以防冲洗消毒时溅湿墙面和防止猪弄脏、损坏墙面。

(3)门与窗

窗户主要用于采光和通风换气。窗户面积大,采光多,换气好,但冬季散热和夏季向舍内传热也多,不利于冬季保温和夏季防暑。窗户的大小、数量、形状、位置应根据当地气候条件合理设计。门是饲养人员与猪出入的通道。外门一般高2.0~2.4m,宽1.2~1.5m,门外设坡道,便于猪和饲料车出入。外门的设置应避开冬季主导风向,必要时加设门斗,门的材质最好是铁。

(4)猪舍的屋顶及屋面

猪舍的屋顶主要是遮风雨和保温隔热,以隔热、不漏水、抗风为原则,要求有一定的承重能力,可以用瓦、镀锌铁皮、硬塑水泥瓦等。有条件的可以加吊顶。屋顶的高度一般2.4~2.8m,寒冷的地区可以低一些,炎热的地方可以高一些。

4. 猪舍的形式与结构

猪舍可以按屋顶的形式、墙壁和窗户位置、猪栏的分布等分为多种。

(1)按照屋顶形式

分为单坡式、双坡式、联合式、平顶式、拱顶式、钟楼式、半钟楼式等。单坡式一般跨度较小,结构简单,省料,便于施工。舍内光照、通风较好,但冬季保温性差,适合于小型猪场。双坡式可用于各种跨度,一般跨度大的双列式、多列式猪舍常采用这种屋顶。双坡式猪舍保温性好,若设吊顶则保温隔热更好,但其对建筑材料要求较高,投资较大。联合式猪舍的特点介于单坡式和双坡式猪舍之间。平顶式猪舍也用于各种跨度的猪舍,一般采用预制板或现浇钢筋混凝土屋面板,其造价一般较高。拱顶式可用砖拱,也可用钢筋混凝土薄壳拱。小跨度猪舍可做筒拱,大跨度猪舍可做双曲拱,其优点是节省用料。设吊顶后保温隔热性能更好。钟楼式和半钟楼式猪舍在屋顶两侧或一侧设有天窗,利于采光和通风,夏季凉爽,防暑效果好,但冬季不利于保温和防寒。钟楼式和半钟楼式在猪舍建筑中采用较少,在以防暑为主的地区可考虑采用此种形式。

（2）墙壁结构与窗户

可分为开放式、半开放式和密闭式。密闭式猪舍又可分为有窗式和无窗式。开放式猪舍三面设墙,一面无墙,通风采光好,其结构简单,造价低,但受外界影响大,较难解决冬季防寒。半开放式猪舍三面设墙,一面设半截墙,其保温性能略优于开放式,冬季若在半截墙以上挂草帘或钉塑料布,能明显提高其保温性能。有窗式猪舍四面设墙,窗设在沿墙上,窗的大小、数量和结构可依当地气候条件而定。寒冷地区,猪舍南窗要大,北窗要小,以利于保温。为保证夏季有效通风,夏季炎热的地区,还可在两纵墙上设地窗或在屋顶设风管、通风屋脊等。有窗式猪舍保温隔热性能较好,根据不同季节启闭窗扇,调节通风和保温隔热。无窗式猪舍与外界自然环境隔绝程度较高,墙上只设应急窗,仅供停电应急时用,不作采光和通风用,舍内的通风、光照、舍温全靠人工设备调控,能够较好地给猪提供适宜的环境,有利于猪的生长发育,提高生产率。这种猪舍土建、设备投资大,维修费用高。在外界气候较好时,仍需要人工调控通风和采光,耗能高,采用这种猪舍饲养的多为对环境要求较高的猪,如产仔猪和仔猪。

（3）按猪栏的分布

可分为单列式、双列式、多列式。单列式猪舍猪栏排成一列,靠北墙设走道,舍外可设或不设运动场,结构简单,跨度小,建筑材料要求较低,省工省料,造价低,但建筑面积利用率低,供料供水和清粪采用机械化不经济,适用于养种猪。双列式猪舍猪栏排成两列,中间是过道,有的两边设清粪道,这种猪舍建筑面积利用率高,管理方便,保温性能好,便于机械操作,但是北侧猪舍采光性差,舍内易潮湿。多列式猪舍中猪栏排列三列或多列,这种猪舍优点是建筑利用率较高,猪栏集中,容纳猪较多,运输线短,管理方便,冬季保温性能较好;缺点是采光差,通风不良,这种猪舍大多都辅以机械通风,人工补充光照。

5. 各类猪舍的布置

猪舍的布置应根据不同性别、不同生理阶段的猪对环境及设备的要求进行设计,同时考虑猪的生理特点和生物习性,合理布置猪栏、走道和合理组织饲料、粪便运送路线,选用适宜的生产工艺和饲养管理方式,以充分发挥猪的生产潜力,提高饲养管理工作的劳动效率。

(1)公猪舍

多采用带运动场的单列式,给公猪设运动场,保证其充分运动,可防止公猪过肥,对其健康和提高精液品质、延长公猪使用年限等均有好处。公猪栏要求比母猪和育肥猪栏宽,隔栏高度为1.2~1.4m,公猪栏面积一般为7~9m^2,其运动场也较大。种公猪均为单圈饲养。

有条件的建设配种舍,目前较先进的配种舍为八边形配种舍,内部不安装饮水器和饲槽,地板要防滑,建设时可以按4.3m×3m的八边形建造。条件差的可以利用公猪栏和母猪栏进行配种。

(2)空怀与妊娠母猪舍

可分为单列式(可带运动场)、双列式、多列式等几种。空怀、妊娠母猪可群养,也可单养。群养时,空怀母猪每圈4~5头,妊娠母猪每圈2~4头。这种方式节约圈舍,提高了猪舍的利用率;空怀母猪群养可相互诱发发情,但发情不易检查;妊娠母猪群养易发生因争食、咬架而导致死胎、流产。空怀、妊娠母猪单养(隔栏定位饲养)的优点是易进行发情鉴定,便于配种,利于妊娠母猪的保胎和定量饲喂;缺点是母猪运动量小,母猪受胎率有降低趋向,肢蹄病也增多,影响母猪的利用年限。空怀母猪隔栏单养时可与公猪饲养在一起,4~5个待配母猪栏对应一个公猪栏,这样就不用专设配种栏。群养妊娠母猪,饲喂时亦可采用隔栏定位采食,采食时猪只进入小隔栏,平时则在大栏内自由活动,妊娠期间有一定活动量,可减少母猪肢蹄病和难产,延长母猪使用年限,猪栏占地面积较小,利用率高。但大栏饲养时,猪只间咬斗、碰撞机会多,易导致死胎和流产。

(3)泌乳母猪舍

常见为三走道双列式,也可建设成单元式。泌乳母猪舍供母猪分娩、哺育仔猪用,其设计既要满足母猪需要,同时还要兼顾仔猪的需要。分娩母猪适宜的温度为16~18℃。新生仔猪体热调节机能发育不全,怕冷,适宜温度为29~32℃,气温低时通过挤靠母猪或相互挤堆来取暖,这样常出现被母猪踩死、压死的现象。根据这一特点,泌乳母猪舍的分娩栏应设母猪限位区和仔猪活动栏两部分。中间部位为母猪限位区,宽一般为0.6~0.65m,两侧为仔猪栏。仔猪活动栏内一般设仔猪补饲槽和保温箱,保温箱采用加热地板、红外灯或热风器给仔猪局部供暖。

(4)仔猪培育舍

仔猪断奶后就转入仔猪舍,断奶仔猪身体各机能发育不完全,体温调节能力差、怕冷,机体抵抗力、免疫力差,易感染疫病。因此,仔猪培育舍应能给仔猪提供一个温暖清洁的环境。冬季要有保暖设备,以保证仔猪在较适宜的生活环境下饲养。

（5）育肥舍

生长育肥猪身体各机能发育基本趋于完善，对于不良环境条件具有较强的适应能力，因此对环境条件的要求不严格，可采用多种形式的圈舍饲养。一般情况下，为了减少猪群的周转次数，将育成和育肥两个阶段合成一个阶段饲养，而且多采用平面群养。

6. 服务与辅助设施

（1）装运和称重设施

该设施主要是能将猪从猪舍赶至弯曲的生猪通道，在地磅上过秤，分级后再赶至临时猪舍，在运输卡车到来时，将猪从临时猪圈赶至弯曲的通道，然后再将猪装上汽车。（见图4-2）

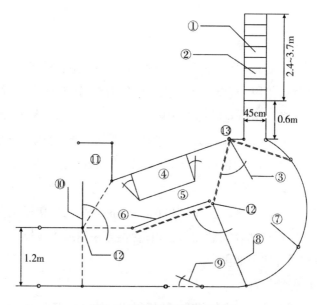

图4-2　猪的装运和称重设施

①猪装运通道，如果是阶梯，踏步应为宽35cm，高不超过9cm；最大坡度为20°；②如果是移动式的可做成铁的通道；③1.2m地磅入口；④0.6m×1.2m地磅；⑤操作人员称重作业入口；⑥操作人员可以横跨的围栏（76cm高）；⑦

装在弯曲部位的人造板墙（1.2m高）；⑧1.8m集群门；⑨0.6m操作员门；⑩1.2m分类门；⑪维持猪舍；⑫5cm钢管门支撑点；⑬45cm偏移，需要留出以防止猪因拥挤而发生堵塞现象。

（2）猪场管理办公及进出口设施

猪场办公设施，主要满足办公、接待、会议等要求，同时根据需要设立消毒淋浴、洗衣空间和杂物堆放室，建议参考图4-3设计，进出口设施参考图4-4。

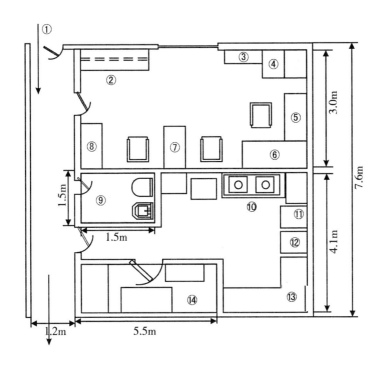

图4-3 猪舍办公区设计

①猪场进口；②衣架；③书架；④档案柜；⑤电脑桌；⑥办公桌；⑦茶几；
⑧接待用品柜；⑨卫生间；⑩洗手池；⑪烘干机；⑫柜台；⑬贮藏室；⑭淋浴室

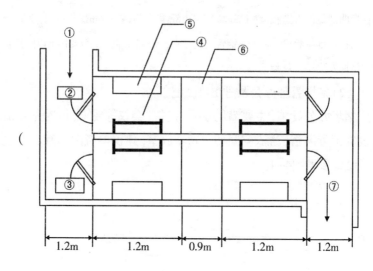

图4-4　猪场进出口设施

①猪场入口；②男淋浴室；③女淋浴室；④衣架；⑤长凳；⑥淋浴间；⑦出口

（3）粪尿排放设施

猪舍通道一般宽1.0~1.2m，尿道沟宽10~12cm，尿道沟底呈半圆形，坡度1%~2%，由浅到深，最深不超过10cm。沉淀池设在过道中央，每50m长的猪舍可建两个沉淀池，沉淀池宽80cm、长80cm、深100cm。贮粪池距猪舍最少5m，每50m长的猪舍可建造一个贮粪池，贮粪池的大小可根据养猪数量、贮存时间确定，舍内沉淀池底口与贮粪池相通。排气口设在通道上方天棚处，排气口面积70cm×70cm，排气口上部做成防雨帽，高出房顶50cm，每50m长的猪舍可留3~4个，用时打开，不用时关闭。

三、养猪常用设备

养猪设备的正确使用，可以降低饲料消耗，减轻饲养人员的工作强度，提高劳动生产率，同时对卫生防疫和疫病防治具有重要作

122

用。养猪场的设备根据建设资金多少可以按照基本型、普及型和先进型配置。但都须具有猪栏设施、饲喂设备、供水系统及通风保暖、卫生防疫、测试运输等设施。

1. 猪栏

（1）公猪栏

公猪栏一般按照每栏养一头公猪，计算面积在7~9m²，长宽可根据圈舍面积确定，建议长3~3.5m，宽2.5m，高1.2~1.4m，采用全金属及水泥漏缝地板，栏面较大，利于运动，对提高公猪性欲和精液品质很有好处。公猪栏与母猪栏遥遥相对，利于刺激母猪发情。同时，公猪放出在母猪栏前后过道上运动，能及早地发现母猪发情，对于配种及提高受胎率有好处。

（2）母猪栏

母猪饲养可以采用三种方式：分组群养、限位栏饲养、分组群养和限位栏饲养结合方式。分组群养可根据养猪多少确定面积，但栏高一般为0.9~1m，限位栏饲养长2.1m，宽0.65m，高1m。栏栅结构可以是金属的，也可以是水泥的，但是栏门必须采用金属材质。

（3）分娩栏

采用全金属限位单体栏，单栏长2.2m，宽2m；母猪栏高1.1m，仔猪栏高0.6m。分娩栏以两窝为一个单元，放两个电热保温箱，可供两窝小猪保暖，能显著提高仔猪的成活率和增加体重。

（4）保育栏

为全金属栏，长2m，宽3m，高1.1m，全漏缝金属地板或塑料地板，地板下面是全空式的通道，内设自动饮水器，以两窝小猪为一个栏。天热时金属漏缝地板很凉快，下面通道的风会吹上来，使小猪有一个清凉爽快的良好环境；寒冷季节，为防冷风吹上来，最好在地板上加木块垫床来保温，食槽的双面各有5个食槽供小猪自由采食。

（5）生长猪栏与育肥栏

主要是针对生长发育猪和育肥猪建设，采用下列规格，长4.5～5m，宽2～2.6m，高0.9m，采用金属与水泥砖墙结合的形式。可以采用水泥实地面或水泥漏缝地板。水泥漏缝地板利于打扫、消毒、清洗，对防疫卫生有很大好处，但因冲洗后湿度较大，影响猪睡眠，因此，可以在墙边开百叶窗口，能使空气对流，地面就容易干爽，减少小猪拉稀。

2. 饲槽

（1）自动饲槽

这种饲槽供给猪自由采食，这种饲槽可以有效提高养猪效率。饲槽有方形和圆形，上有饲料箱，下有连接底槽的下料孔，箱中有一拨杆，猪吃食时拨这个杆，则自动下料。这种饲槽可以做成不锈钢的，也可以做成镀锌铁板的，木板和聚乙烯也可制作，底槽最好用铸铁做，这样耐腐蚀，易固定。

（2）限量饲槽

这种饲槽用于定时定量饲喂的猪群，饲槽可以用钢板或水泥制作，前沿高，采食沿低，底部是圆形，按猪的采食需要和人的意愿添加饲料。

（3）干-湿饲槽

相似于限量饲喂槽，只不过是将自动饮水器安装在饲槽上边，猪拱后将水滴下伴湿饲料。这种方法对提高日增重和饲料报酬都有很大好处，饲料浪费较少，但是饲养员要特别精心，饲槽底部也不能漏水。

（4）仔猪补料槽

主要针对生后7天的仔猪，用铸铁制作，可以是长方形的，也可以是圆形的，饲槽内部要光滑，便于清洁，同时饲槽上边要有隔条防止仔猪卧入，一般的可用（30～45）cm×20cm的饲槽。

3. 自动饮水器

猪自动饮水器，采用杠杆式撞块和水压自封式控水结构，既达到保证满足猪对水的需要，使猪饮上干净卫生的水，又能保证不损坏猪的口腔，器官不易损坏，可有效防止猪痢疾的发生。各种猪的身高颈长是不一样的，因此不同饲养阶段的猪应安装不同高度的饮水器。适宜高度为：仔猪10~15cm，育成猪25~35cm，育肥猪30~40cm，成年猪45~55cm，成年公猪50~60cm。

4. 仔猪供热保温

仔猪供热保温，一是暖气集中供热，即猪场建设暖气锅炉，通过安装暖气片保证仔猪供热；二是局部供热，主要是采用电热板和红外线灯进行加热，在实际生产中采用产床上加保温箱，在保温箱内铺设电热板，箱上吊红外线灯泡加热，以保证仔猪生活环境达到合适的温度；三是小型农户可以用垫草，即在规模较小的猪场和农户，可以在产仔舍用柔软的垫草保持仔猪舍温度，这种方法费力较大，但很经济。

5. 通风降温设施

通风系统的两大主要功能是保持猪舍的温度适中和保持适当的相对湿度（通常为50%~65%），通风优良与否，取决于通风系统的设计、管理的技巧、管理上的投入、猪舍的布局、猪场建筑的布局、建筑技术、绝热的应用及材料的选择。猪对通风率的需要随天气的变化而不同。寒冷时的通风（也称为"维持通风"）提供刚刚足够氧气和排除污染的换气量，温和天气时的通风可改变温度并增大气流量而控制室温，暖和天气条件下的通风则可通过排出过多的热量而进一步控制温度，天气炎热时使空气直接吹过猪体就可起到降温效果，即增大风冷效应，从而提高猪的舒适感，而增加的风速就可产生降温效果。

猪舍通风设计在我国不同区域有不同的要求。北方地区，冬季气温低，持续的时间长，夏季中午气温高，晚上较凉爽，通风不但要考虑到排除舍内多余的水汽、有害气体、粉尘和病原微生物，保证猪舍空气新鲜，而且还要充分考虑到维持圈舍的温度，生产中多采用自然通风。中部地区，既要考虑到冬季的保温又要考虑到夏季降温，生产中多用机械通风和自然通风相结合的方式。长江流域，主要考虑通风降温，一般以机械通风为主。

通风系统一般包括：进风口、出风口、排风扇、加热或降温装置。

（1）自然通风设计

自然通风猪舍应根据当地的风向安排圈舍的建筑走向，一般边墙朝着主风向，需要较高通风量的产仔舍和妊娠母猪舍应安排在迎风向的一端。自然通风圈舍不宜太高或太低，2.6~2.7m比较适宜。屋顶设计成"人"字形为佳，屋顶每隔5~6m设立1个通风烟囱，离地面约1.2m处设通风口，安装有上下滑动式格挡板，圈舍之间的距离应在12m以上，见图4-5、图4-6。

图4-5　夏季通风设计

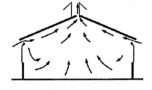

图4-6　冬季通风设计

（2）机械通风设计

猪舍的机械通风设计一般有纵向通风设计、横向通风设计、复合通风设计等。

纵向通风设计：夏季可以有效地降低圈舍温度，猪舍前后端的风速一样，简单而经济实用（见图4-7）。该种设计方式适用于我国南方，夏季温度高，冬季温度不低且时间短。

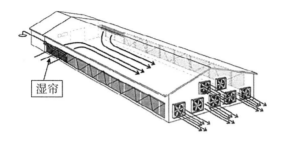

图4-7 纵向通风设计

横向通风设计: 为冬季通风换气理想的设计模式, 猪舍各处的温度和空气质量一样。非常低的风速进入猪舍, 不产生风冷。冬天与加热系统配合, 产生保温-换气模式(见图4-8)。该种设计方式适于我国北方, 冬季温度低且持续时间长。

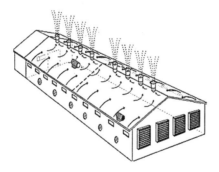

图4-8 横向通风设计

复合通风设计: 猪舍通风通常采用正压和负压通风相结合的模式。设计方案如图4-9所示。

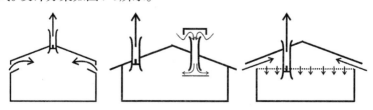

图4-9 复合通风设计

6. 清洗消毒设备

（1）移动式高压清洗消毒设备

移动高压消毒器是消毒剂的气态活性发生器，它利用高压方法通过喷嘴把消毒液喷射变成活性的消毒气体，并迅速、均匀地释放到待处理空间，可以更有效地杀灭空气、地面和物品表面的微生物、细菌等，可用于圈舍、围栏、设备、器具及空气消毒，其压力为1.5~2MPa，流量为20L/min，冲洗射程在12~14m的清洗消毒即可满足。它既有人工喷雾法消毒快速、高效等特点，同时又解决了人工喷雾法消毒不均、费时费力的问题。

（2）固定喷雾消毒

固定喷雾消毒分人用和车用，进入猪场的所有人员需先经洗手消毒后，进入消毒间站在消毒垫上对鞋底进行消毒，同时紫外线照射10min以上。汽车消毒用喷雾消毒机消毒车体，在消毒池里消毒车轮。

（3）火焰消毒器

火焰消毒器是将汽油或柴油高压雾化后燃烧产生高温火焰，对地面、猪栏、器具等进行快速灭菌的消毒方法。优点是消毒彻底，无药物残留，费用较低；缺点是不能用于易燃材料和不耐高温材料。

7. 其他设备

猪场除上述设备外，还需要称猪磅秤（主要用于猪的生长发育监测和调整饲养方式），饲料地磅，饲料购进及青饲料计量器，保定猪台等设施及设备。

第五章　肉猪生产饲养管理技术

第一节　后备种猪的饲养管理

一、后备种猪的选择

选择后备种猪应根据品种类型特征、生长发育状况、体型外貌及仔猪的健康状况等进行。后备种猪的选留对后备种猪群质量的优劣有直接影响。因此,要严格把关,选择符合标准的优良个体作为后备种猪。

1. 体型外貌的选择

后备种猪应具备品种的典型特征,如毛色、耳型、头型、背腰长短、体躯宽窄、四肢粗细、高矮等均要符合品种的特征要求。如长白猪毛色纯白、耳大且前倾、头小嘴长、体躯细长、后躯丰满、四肢细高,给人清秀的感觉。后备种猪毛色要有光泽,无卷毛、散毛、皮垢,四肢健壮,后臀丰满,体躯长而平直。

2. 健康状况的选择

后备猪应是生长发育正常、活泼、健康无病,并来自无任何遗传疾患的家系。健康的仔猪往往表现为食欲旺盛、动作灵活、贪食、好强。猪的遗传病有多种,常见的有疝气、隐睾、偏睾、单睾、乳头排列不整齐、乳头内陷、瞎乳头等。遗传疾病影响生产性能的发挥,给生产管理带来不便,严重的造成死亡。

3. 繁殖性能的选择

繁殖性能是种猪非常重要的性状,后备猪应来自繁殖力高的强系,并有良好的外生殖器官。

4. 生长与育肥性状的选择

后备种猪的生长速度不宜过快,否则对其繁殖性能有不良影响。由于生长过快,猪的骨骼发育跟不上肌肉、脂肪等组织的生长,导致四肢发生变形。一般到初次配种前,平均日增重应控制在550~650g,后备种公猪的平均日增重宜控制在650~750g。所以,从这个意义上讲,后备种猪的选择主要是选择那些骨骼发育良好、肌肉发达,特别是四肢健壮的个体。

5. 胴体性状的选择

后备猪6月龄时,工作人员可用仪器测量其本身的背膘厚度和眼肌面积,以此来确定本身的背脂和瘦肉的生长情况。胴体品质和肉质好坏是通过屠宰来获得,后备猪应选自那些胴体品质和肉质良好的家系。

6. 后备种猪选择的时期

可在仔猪断乳后到初次配种前这一阶段进行。开始选留时可以多留些,随着月龄增长和生长发育,某些生长发育不良或有生理缺陷的个体开始暴露出来,这时就可以适时淘汰这些个体。后备种猪在初次配种前还要做最后一次选择,主要是淘汰那些性器官发育不理想、性欲低下、精液品质不良的后备种公猪,发情周期没有规律性、不发情或发情症状不明显的后备种母猪。

二、后备种猪的饲养

后备种猪的饲养是非常重要的,尤其是高产、增重快的猪品种更是如此，后备母猪能量一般要介于育肥猪和妊娠前期猪之间，要配制专门后备猪料；饲喂方式一般前期自由采食，后期适当限饲（采食量为正常的80%以上），这样利于发情配种。

此外要求蛋白质、氨基酸平衡。后备母猪培育期Ca、P含量较高，一般Ca含量0.9%，P含量0.73%，这样可以使骨骼中的矿物质沉积量最大。初产母猪繁殖寿命长，平均分娩间隔短。后备猪的饲料配方应该根据体重大小在饲料原料中考虑是否添加鱼粉和膨化大豆，如果体重在80kg以下，鱼粉添加1%左右，膨化大豆1%；80kg以上至7月龄，此阶段主要考虑胃肠功能的挖掘、性器官的发育等，不加鱼粉和膨化大豆；7月龄至发情时实施短期优饲，可以饲喂哺乳母猪料。饲料的营养水平应同时考虑猪群和用途，饲料的状态有干粉和湿拌料，干粉料最大的优势是方便快捷，缺点是适口性差、猪舍粉尘大，因此冬季育肥猪的呼吸道问题常常会很严重，建议有条件的猪场最好采用湿拌料。

后备种猪的饲养水平要与后备猪的培育结合起来，把眼前利益与长远目标区别开来。后备种猪培育是选育具备蛋白质生长和沉积能力强、肉质优良且遗传性能稳定的种猪，这种遗传素质允许供给较高的饲养水平，因为随着蛋白质的大量沉积，同时机体需要消耗大量的能量。除控制日粮中蛋白质和能量水平外，还应供给后备种猪足够的矿物质和维生素，以满足其正常生长发育需要，从而获得种用性能良好的后备种猪。

推荐饲养方案：

21~23周龄：日粮饲喂量每天每头1.8~2.5kg，体重控制在70~80kg。

25~26周龄：日粮饲喂量每天每头2.2~2.5kg，体重控制在90~100kg。

28~30周龄：日粮饲喂量每天每头2.5kg，体重控制在110~120kg。

配种前10~14d，其饲喂量应增加到每天每头3~3.5kg（促进后备种母猪发情排卵）。

三、后备种猪的管理

1. 分群

后备种猪在体重60kg以前，一般按品种、体重、性别、体质、用途进行分群，分成小群（4~6头/群）进行饲养。一旦分群，没有特殊情况不得调栏。如出现病弱猪，可以隔离饲养。60kg以后，再按品种、体重、性别、体质、用途进行分群，再分成2~3头为一小群饲养。群养密度适中，后备种猪生长发育均匀；密度过高，则影响后备种猪生长发育速度，还会出现咬尾现象。后备种猪达到性成熟时，常出现爬跨行为，可能造成阴茎损伤，对生长发育不利，最好单栏饲养。

2. 调教

后备种猪从一开始就应加强调教管理，使猪容易与人接近，为以后的采精、配种和接产等工作打下基础。饲养人员要经常触摸猪只，可对猪耳根、腹侧和乳房等敏感部位进行抚摸，既可使人、畜亲和，又可促进乳房充分发育。

3. 定期测量体长和体重

后备种猪应逐月测量体长和体重，不同品种类型在不同月龄有一个相应的体长和体重范围。通过后备种猪各月龄体重变化，可间接判断其生长发育的优劣状况，并及时调整日粮营养水平和饲喂量，使后备种猪生长符合其品种类型要求。

4. 日常管理

后备种猪在冬季同样需要注意防寒保暖，夏季要防暑降温，舍内通风换气良好,保持猪舍空气清新;猪舍地面及饲养设备和工具要定期消毒;经常刷拭猪体并定期驱虫;后备种公猪每天要有适当的运动,这样既可以使猪体格健壮,四肢灵活,并能接受日光浴和呼吸新鲜空气,又可以防止自淫恶癖。后备种猪达到适配月龄和适配体重时,即可准备配种。

5. 环境适应

后备种母猪要在猪场内适应不同的猪舍环境,与老母猪一起饲养,与公猪隔栏相望或者直接接触,这样有利于促进母猪发情。

6. 诱导发情

影响母猪初情期的因素有品种、环境、光照、应激,诱情的最好方法是接触公猪,将母猪赶入公猪栏内,每次20分钟,连续1周,开始诱情母猪日龄一般在150d,体重90kg以上。此外还有放牧、调栏、增加光照等打乱母猪正常生活的措施,都会起到诱情作用。目前激素疗法在规模化猪场用得很多,一般采用PMSG+HCG。

7. 严格执行免疫程序

按照免疫程序及时进行猪瘟、口蹄疫、细小病毒病、伪狂犬病、乙型脑炎等的预防接种工作。每隔1~2个月驱虫1次,每隔15天用1%敌百虫水溶液喷洒猪体1次,预防体内外寄生虫病。

四、后备种猪的利用

后备猪饲养到一定年龄后,公猪出现了性行为,并有爬跨和精液射出,母猪有周期性的发情变化,这个阶段称之为性成熟。而此时,身体发育还未达到成熟时期,生殖器官和其他组织器官尚未达到完全成熟的阶段。

猪的性成熟随着品种、饲养管理及所处气候环境的不同而异。我国地方品种特别是南方的地方猪种性成熟早,而培育猪种和引进猪种性成熟晚些。就一般情况而言, 地方早熟品种的公猪2~3个月龄达到性成熟, 培育和引进猪种要在4~5个月才达到性成熟。地方品种的母猪3~4个月龄, 体重30~40kg即可达到性成熟; 而培育和引进的大型母猪要到生后5~6个月, 体重达到60~80kg才能性成熟。

达到性成熟的种猪不能直接利用, 还需要在其体成熟后使用, 所以种猪的配种使用时间和体重一般为: 后备公猪, 地方品种猪6~7个月, 体重60~70kg; 晚熟的培育和引进猪种要在8~10个月, 体重110~130kg。后备母猪, 早熟的地方猪种6~8个月, 体重60~70kg; 晚熟的大型品种及其他杂种猪8~9个月, 体重100~120kg。

第二节　种公猪的饲养管理

种公猪饲养管理直接影响其健康发育、生产性能和精液品质等, 科学饲养及合理使用种公猪是充分发挥其生产性能的保证。加强种公猪饲养管理, 使其保持膘情适中、体质结实、精力充沛、性欲旺盛、配种能力强、精液品质良好, 对实现高水平生产和提高公猪利用具有重要作用。

一、种公猪的饲养

1. 饲料营养

营养是维持种公猪生产活力和保持旺盛繁殖力的物质基础。一般来讲, 常年利用的瘦肉型种公猪的饲养标准大致为: 每千克饲料含消化能12~13MJ, 可消化蛋白质14%~16%。要求根据种公猪的不同时期及利用强度确定蛋白质水平, 幼龄公猪18%, 后备公猪16%,

成年公猪14%, 采精繁忙时提高到20%。维生素的供应很重要, 特别是维生素A、D、E, 对种公猪的精子形成和骨骼发育有着密切关系, 饲喂适量青绿多汁饲料, 可提高蛋白质质量和补充维生素。

2. 限制饲养

多数饲养户习惯采用不限制饲喂, 往往造成种公猪过肥, 腹部下垂, 四肢多病, 采精困难, 品质低劣。必须改为限制喂养, 一般后备公猪日喂1.5~2kg精料, 成年公猪在非配种期日喂2~2.5kg, 在配种期日喂2.5~3.2kg。在生产实践中, 要根据种公猪的体况、气候条件和利用强度等情况灵活掌握日喂量。

3. 日常饲喂

种公猪饲料喂量要按饲养标准进行, 并依公猪的年龄、体况、采精频率、气候及个体变化适当控制, 使种公猪常年保持七八成膘为宜。种公猪过肥, 会使其整天睡觉, 性欲减弱, 降低配种能力。发现种公猪过肥, 就要增加运动量, 同时减少饲料中能量的比例, 让公猪减肥。若过瘦, 会使其射精量减少, 精液品质下降, 影响母猪正常受胎。对过瘦的种公猪要增加饲料喂量, 减少配种次数, 让其增肥。饲喂要求定时定量定温定质, 一般日喂2次, 做到精料精喂、青料细喂、先饲后水、食水分开。采精期, 每次采精后加喂1~2个鸡蛋, 或在常规日粮中加6%的炒熟黄豆粉, 食槽内剩水剩料要及时清理更换。

二、种公猪的管理

1. 单圈饲养

为使种公猪安宁、减少干扰、食欲正常, 杜绝爬跨和自淫恶习, 应做到专栏喂养、一栏一猪, 种公猪栏圈远离母猪舍, 最好在其上风向, 宜选地势高、排水性好、背风向阳处, 建坐北朝南的标准化单列式猪栏。地坪用砖砌，以水泥抹面，要有2%～3%坡度，以利冲洗消毒。圈舍围墙要高度适当而且坚固，食槽、水槽要靠墙放置，排除被猪爬跨条件。

2. 合理运动

适当的运动可提高种公猪的新陈代谢，增强体质，提高精液品质。同时适当运动还可以锻炼种公猪的四肢。坚持自由运动和驱赶运动相结合，以驱赶为主，要求每天运动1～2次，每次0.5～1h，夏天宜早晨和傍晚，冬季在中午进行，配种旺季适度运动。运动和配种均要在食后半小时进行，配种后不能马上赶回圈舍，应在圈外自由运动10min。

3. 刷拭修蹄

每天按时给种公猪刷拭、清洁皮肤1～2次，使体表美观，消灭体外寄生虫，促进皮肤代谢和血液循环，提高性活动机能。夏季每天可让种公猪洗澡1～2次，切忌采精后洗冷水澡。修蹄可使其保持规则，避免影响采精或妨碍运动。

4. 防暑保暖

种公猪的适宜环境温度是18～20℃。夏季要防暑降温，注意猪舍通风，气温高于35℃时，可向猪舍房顶及猪体喷水降温，严禁直接冲猪头部。冬季应修补栏舍，堵塞漏洞，搞好防寒保暖。

5. 定期称重和检查精液品质

对种公猪要每月称重一次，了解体重变化，以调整日粮营养水平、运动量和配种量。每月对公猪检查两次精液，认真填写检查记录，精液活力0.8以上才能使用。对不经常使用的公猪再次使用前也要进行精液检查。

6. 疫病防治

后备公猪要做好乙脑和细小病毒疫苗的接种工作，成年公猪抓好春秋两次普防和季防月补, 及时注射猪瘟、猪口蹄疫、猪丹毒等疫苗, 并应分期预防接种。经常性搞好环境卫生, 保持栏舍清洁, 食槽、用具定期清洗消毒, 做到一餐一扫、半月一冲洗、一月一消毒, 同时加强粪便管理, 防止内外寄生虫侵袭, 对体内寄生虫可用盐酸左旋咪唑等药物驱虫, 要求每季度进行一次。

三、种公猪的利用

合理利用不但可以达到公猪健康, 而且使其所配母猪产仔强壮。而过度利用则会显著降低精液品质, 影响受胎率和产仔数, 造成种公猪早衰。相反长期禁欲同样会损害种公猪的繁殖机能。一般情况下, 种公猪的适度采精利用频率为: 1~2岁的青年公猪每周配种2~3次, 壮年公猪每天可配种1~2次, 配种高峰期可每天配种2次, 早晚各配1次, 连续配种4~6d, 休息1d。如果是采精的青年公猪, 每周采2次, 成年公猪隔天采1次, 老年公猪每周采1次。每次采精宜在早上饲喂前或喂食后1h左右进行, 每日采精不得超过两次。采精后不能让种公猪卧在水处或淋雨, 不宜鞭打回圈, 应让种公猪充分休息。

第三节　种母猪的饲养管理

一、空怀母猪的饲养管理

1. 空怀母猪的饲养

在正常饲养管理条件下的哺乳母猪, 仔猪断奶时母猪多有七八成膘, 断奶4~10d就能再发情配种, 开始下一个繁殖周期。在实际规模化养猪生产中,这一阶段的饲养管理往往不被重视,断奶母猪体质瘦弱的往往是高产母猪,即在哺乳期泌乳性强、带仔多,断奶时稍有不慎就会被淘汰,特别是母猪断奶后大圈饲养的猪场,更容易发生。母猪断奶后前几天还会分泌相当多的乳汁(特别是早期断奶母猪)。为了防止断奶母猪患乳房炎,在断奶前后各3d要减少饲喂量,有条件的猪场可喂一些青粗饲料充饥,使母猪尽快干乳。

经产母猪经过分娩后身体会发生很大的变化,产仔和哺乳之后多数体重减轻,一般体重减轻20%~30%。经产母猪配种前就要恢复体力,使之达到种用体况。如果断奶时能保持较好的体况,只要饲料搭配合理,粗蛋白>12%,有足够的矿物质和维生素,每日饲喂2~3kg,不需额外增加,即可在10d内发情和配种。对泌乳性强,带仔多的母猪和产前膘情差的母猪应在泌乳期充分饲喂高营养饲料,以免掉膘失重太多,影响发情配种。

2. 空怀母猪的管理

空怀母猪包括断奶母猪、流产母猪、返情母猪、长期不发情的母猪等,根据不同的种类采用不同的饲养管理方法。就断奶母猪来说,有单栏饲养和群养两种方法。单栏饲养空怀母猪是近年来许多集约化猪场生产中采用的一种形式,即将母猪固定在栏内,实行禁闭饲养,活动范围小,母猪后侧(尾侧)养种公猪,促进发情。小群饲养就是将4~6头同期断奶的母猪养在同一栏(圈)内,可以自由运动。实践证明,群饲空怀母猪可促进发情,特别是群内出现发情母猪后,由于爬跨和激素的刺激,可以诱导其他空怀母猪发情,同时便于管理人员观察和发现发情母猪,也可使用试情公猪试情。

根据断奶体况合理分群,中等膘情以上者每天饲喂2.5kg,中等以下者自由采食,膘情很差者发情时可暂不配种。加强看护,使用防滑垫料,减少和杜绝因咬斗、地滑造成的各种损失;体瘦弱母猪应单栏饲养,注意检查发情状况,适时配种。配种员和母猪饲养员每天早晚两次观察记录空怀母猪的发情状况。喂食时观察其健康状况,及时发现和治疗病猪。空怀母猪同样需要干燥、清洁、温湿适宜等环境条件。空怀母猪如果得不到良好的饲养管理条件,将影响发情排卵和配种受胎。

3. 正确掌握母猪的发情规律

母猪有其自身发情排卵规律,但在规模化猪场生产中,都是以周为单位进行生产,要使每周都能达到一定的配种头数,做到同期发情,实行全进全出,有节律地生产,必须采取措施。在规模化猪场中都是采用控制母猪断奶时间和适当补充后备母猪两种方法,一般母猪断奶后4~7d有80%会发情,若配种头不够,要适当补充后备母猪。在实际生产中要想使后备母猪在本周发情,多少头发情不是人为可以做到的,这就需要猪场技术人员认真观察记录后备母猪的发情次数,再结合断奶母猪头数实行有计划地生产,做到心中有数,尽可能做到计划生产。

母猪的发情周期平均为21d(18~24d),在生产管理过程中,配种成功的关键是正确掌握发情症状。

发情前期:

·阴门呈樱桃红色、肿大,但经产母猪不一定有此征状。

·呼噜、哼哼、尖叫。

·咬栏。

·烦躁不安。

·爬跨。

·食欲减退。

·黏液从阴门流出。

·被同栏母猪爬跨,但无静立反射。

发情期:

·阴门红肿减退。

·黏液黏稠表明将要排卵。

·静立反射。

·弓背。

·震颤、发抖。

·目光呆滞。

·耳朵竖起(大白猪耳朵竖起并上下轻弹)。

·有公猪在场时,静立反射明显。

·爬跨其他母猪或被爬跨时站立不动。

·对公猪有兴趣。

·食欲减退。

·发出特有的呼噜声。

·愿接近饲养员。

·能接受交配。

·平均持续时间:后备母猪1~2d,经产母猪2~3d。

注:所有或部分症状可在发情时观察到,但品系间会有差异。群养时,发情母猪会爬跨其他母猪或让其他母猪爬跨。饲喂在限位栏时,有的发情母猪会站着,而有的则会躺下,这样就不能观察到正常的发情症状,因此需要饲养员借助于母猪同公猪头对头接触来检查发情。

4. 发情检查

无论是自然交配还是人工授精,适时配种是获得良好繁殖力的重要因素。而准确查情又是成功配种的关键。

·每天查情两次,早上喂后30min及下午下班前各查一次(排卵时间易变,所以一天查情两次)。一天两次马马虎虎地查情倒不如一天一次认真仔细地查情。

·用成熟公猪查情。

·理想的查情公猪至少要12月龄,走动缓慢,口腔泡沫多。赶猪时用赶猪板或另外一个人来限制公猪的走动速度,切除过输精管的公猪可被用于查情。母猪在短时间内接触公猪后就可达到最佳的静立反射。

·把公猪赶进母猪栏,能对母猪提供最好的刺激。公猪会嗅闻母猪肋部并企图爬跨。

·栏养时,应将公猪赶到母猪前面,而工人应在后边查看母猪的反应。

·公猪同母猪鼻对鼻的接触,可以准确地检查出发情。

·当公猪在场时可以压背,也可刺激肋部和腹部。

5. 异常发情的区分

在进行发情检查时还应当注意一些异常发情的情况,异常发情主要是由于营养不良、饲养管理不当等造成。常见的异常发情有以下几种:

①孕后发情:母猪在妊娠以后仍表现发情的一些症状。阴户红肿,生产中多称之为假发情,主要是由母猪激素功能混乱引起,出现这种情况的母猪一般有发情症状的时间短,且不接受公猪配种。

②断续发情:发情时断时续,发情时间延续很长,这是由于卵泡交替发育所致。

③短促发情:母猪发情期限很短,如不注意观察,就很容易错过配种时期,这种情况多见于高胎龄的母猪。

④安静发情:亦称安静排卵,母猪发情表现极其不明显,几乎不表现什么发情症状,这种情况就要求配种员要有相当丰富的经

验，且观察要极为细微，否则就很易错过发情配种的机会。

6. 发情控制

猪场无论大小都会遇到个别断奶后长期不发情的母猪，针对这种情况查找原因后可采取不同的方法：

①公猪诱导法：经常用试情公猪去追爬不发情的空怀母猪，公猪分泌的外激素气味和接触刺激，能通过神经反射作用，引起脑下垂体分泌促卵泡素，促使母猪发情排卵。

②合群并圈：把不发情的空怀母猪合并到有发情母猪的圈舍饲养，通过爬跨等刺激，促进空怀母猪发情排卵。

③加强运动：把不发情的空怀母猪全部放在较大的圈舍，让其自由运动，接受日光照射，回归自然，促进新陈代谢，改善膘情，促进发情排卵。

④按摩乳房：对不发情的母猪，可采用按摩乳房促进发情。表层按摩的作用是，加强脑垂体前叶机能使卵泡成熟，促进发情；深层按摩是用手指尖端放在乳头周围皮肤上，不要触到乳头，做圆周运动，按摩乳腺层，依次按摩每个乳房，主要是加强脑垂体作用促使分泌黄体生成素，促进排卵。

⑤激素催情：给不发情的母猪按每10kg体重注射绒毛膜促性腺激素（HCG）100IU或孕马血清（PMSG）1ml（每头肌肉注射800～1000IU），有促进母猪发情排卵的效果。

7. 适时配种

生产中我们所说的适宜的配种时间，就是使尽可能多的卵子与精子相互结合，提高受精率和增加胚胎数量及配种时间。要想做到适时配种，首先应掌握母猪的发情排卵规律，然后根据精子和卵子两性生殖细胞在母猪生殖道内保特受精能力的时间来全面考虑。

精子在母猪生殖道内的存活时间，最长为24h，但精子具有受精能力的时间仅为15~20h, 精子在母猪生殖道内经过2~4h才有受精能力, 这就是通常所说的"精子获能", 只有获得受精能力后的精子才能与卵子结合。

卵子从卵巢排出, 通过伞部进入输卵管膨大部, 精子和卵子只有在这一部分输卵管内相遇才能受精。卵子通过这部分输卵管的时间也就是卵子保持受精能力的时间, 为8~10h, 最长可达15h左右。实践证明, 精子到达母猪输卵管内的时间很短, 经过获能作用后, 具有受精能力的时间比卵子具有受精能力的时间长得多。所以, 必须在母猪排卵前, 特别是在排卵高峰阶段前数小时配种或输精, 使精子等待卵子的到来。

在实际工作中, 猪的发情要延续2~3d, 当我们发现母猪发情或公猪可以爬跨时并不一定是母猪开始发情时间和开始接受公猪爬跨的时间, 还可能持续很久。因此, 只要发现母猪发情并接受爬跨, 就可以进行第一次配种, 24h后进行第二次配种, 再过8~12h进行第三次配种, 效果良好。

8. 母猪的配种方法

常用配种方法有自然交配、人工辅助交配和人工授精三种。

①自然交配: 把公母猪放在一起饲养, 公猪随意与发情母猪交配。

②人工辅助交配: 公猪平时不与母猪混在一起饲养, 而在母猪发情时, 将母猪赶到指定地点与公猪交配或将公猪赶到母猪栏内交配。当公猪爬上母猪背时, 由辅助人员用手把母猪尾巴拉开, 另一只手牵引公猪包皮引导阴茎插入阴道。然后观察公猪的射精情况, 当公猪射精完成后将公猪立即赶走。

③人工授精: 人工授精是以人为的方法将采得的公猪精液稀释后, 通过一定的手段输入母猪子宫内, 使母猪怀孕的一项技术。

配种方式指母猪一个发情期内的配种（输精）次数，配种方式有单次配种、两次配种、重复配种。实践证明，猪的发情期配种以两次为宜，单次配种往往难以准确掌握配种时间，影响受胎率和产仔数，配种次数过多起不到作用，反而会损伤母猪阴道和增加公猪负担。

实践中仔猪实行3~5周龄断奶，大多数母猪在哺乳期间不表现发情，诱导发情都不成功。大约到分娩至少15d后，母猪卵巢才能产生更多的卵子。虽然有些母猪在分娩后几天可能出现发情，但这类情况很少伴有排卵。如果排卵确实发生了，附着也极难，甚至不会发生（不完全，只有极个别特殊情况），因为直到分娩后21d，母猪子宫才会从分娩过程中完全恢复。因此，在分娩后21d内给母猪配种往往是没有结果的。

二、妊娠母猪的饲养管理

母猪配种受胎后至分娩前为妊娠期，为111~117d，平均114d。妊娠母猪的饲养管理是一项技术性、科学性很强的工作。由于母猪的年龄、体况、妊娠阶段及胎次不同，与之相适应的饲养管理措施也存在较大差异。这里只介绍一般情况，仅供参考。

1. 妊娠诊断

如果能早期判断母猪已经受孕，按妊娠母猪进行饲养管理；如未妊娠要采取措施，促使母猪再次发情配种，避免使其成为空怀母猪，造成饲料浪费。因此，判断配种母猪妊娠与否，对养猪生产有特别重要的意义。

根据判定妊娠日期的早晚可分为早期、中期、后期诊断。

（1）早期诊断

①观察母猪外形的变化。妊娠的母猪贪睡、食欲旺、易上膘、皮

毛光、性温驯、眼睛有神发亮、行动稳、夹尾走、阴门缩（阴门下联合的裂缝向上缩成一条线），则表示受孕。

②碘化法。取母猪尿10ml左右放入试管内，用比重计测定其比重（应在1.0~1.025），过浓加水稀释，然后滴入碘酒在煤气灯或酒精灯上加热。尿液将达到沸点时发生颜色变化，尿液由上到下出现红色，即表示受孕，出现淡黄色或褐绿色即表示未孕。

③经产母猪配种后3~4d，用手轻捏母猪后数第二对乳头，发现有一根较硬的乳管，即表示已受孕。

④指压法。用拇指与食指用力捏压母猪第9胸椎到第12胸椎背中线处，如母猪背中部指压处表现凹陷反应，即表示未受孕；如指压时表现不凹陷反应，甚至稍凸起或不动，则为妊娠。

（2）中期诊断

①母猪配种后18~24d不再发情，食欲剧增，槽内不剩料，腹部逐渐增大，表示已受孕。

②用妊娠测定仪测定配种后25~30d的母猪，准确率高达98%~100%。

③母猪配种后30d乳头发黑，乳头的附着部位呈黑紫色晕轮表示已受孕。从后侧观察母猪乳头的排列状态时乳头向外开放，乳腺隆起，可作为妊娠的辅助鉴定。

（3）后期诊断

妊娠70d后能触摸到胎动，80d后母猪侧卧时即可看到触打母猪腹壁的胎动，腹围显著增大，乳头变粗，乳房隆起，出现上述情况则认定母猪已受胎。

母猪怀孕后，一方面继续恢复前一个哺乳期消耗的体重，为下一个哺乳期贮积一定营养；另一方面，要供给胎儿发育所需要的营养。对于初产母猪来说，还要满足身体进一步发育的营养需要。因此, 母猪在怀孕期, 饲养管理的主要任务是保证胎儿在母猪体内得到充分发育, 防止化胎、流产和死胎。同时要保证母猪本身能够正常积存营养物质, 使哺乳期能够分泌数量多、质量好的乳汁。妊娠母猪本身及胎儿的生长发育具有不平衡性, 即有前期慢、后期快的特点, 这是制定饲养管理措施的基本依据。

2. 饲养方式

按照妊娠母猪的特点和母猪的不同体况, 妊娠母猪的饲养方式有以下三种。

(1) 抓两头顾中间的喂养方式

这种方式适用于经产母猪, 前阶段母猪经过分娩和泌乳期, 体力消耗很大, 为了使母猪担负起下一阶段的繁殖任务, 必须在妊娠初期就加强营养, 使其尽早恢复体况, 这个时期一般为20~40d。此时, 除喂大量青粗饲料外, 也应适当给予一些精料, 以后以青粗料为主, 维持中等营养水平。到妊娠后期, 即3个半月以后, 再多喂些精饲料, 加强营养, 形成"高—低—高"的饲养模式。但后期的营养水平应高于妊娠初期的营养水平。

(2) 前粗后精的饲喂方式

对配种前体况良好的经产母猪可采用这种方式。因为妊娠初期, 不论是母猪本身的增重, 还是胎儿生长发育的速度, 或胎儿体组织的变化, 都比较缓慢, 一般不需要另外增加营养, 可降低日粮中精料水平, 并不影响胎儿的生长发育, 而把节省下来的饲料用在妊娠过程中, 胎儿生长逐渐加快, 此时再适当增加部分精料。

(3) 步步登高的饲养方式

这种方式适合于初产母猪和泌乳期配种的母猪。因此, 对这类母猪整个妊娠期的营养水平, 是按照胎儿体重的增长而逐步提高的, 到分娩前1个月达到最高峰。在妊娠初期以喂优质青粗料为主,以后逐渐增加精料比例。在妊娠后期多用些精料,同时增加蛋白质和矿物质。

现代养猪还可分限量饲喂、限量饲喂与不限量饲喂相结合的两种饲喂方式。前者是指按照饲养标准规定的营养定额配合日粮,限量饲喂;后者是指妊娠前期2/3时期采取限量饲喂,妊娠后期1/3时期改为不限量饲喂,给予母猪全价日粮,任其自由采食。

3. 饲喂方法

(1)保证饲料质量

在怀孕后半个月,即在受精卵附植和形成胎盘以前,因为没有保护物,容易受到外界的影响。如果此时喂给母猪变质、发霉或有毒的饲料,胚胎就容易中毒而死亡;如果饲料营养不全面,缺乏某些营养物质,也可以引起部分受精卵中途停止发育甚至死亡。因此,妊娠最初20d以内,日粮中营养浓度虽不必过高,但应注意其品质和营养全价性。不要喂霉烂变质、有毒饲料,禁饮冰水或喂冰冻饲料,要防止踢、打、挤压、咬架等机械性刺激,预防患高烧性疾病。

(2)妊娠期限饲

对膘情较好的妊娠期母猪应实行限制饲养,母猪一旦配种就应改用怀孕母猪料,并减至1.8~2.7kg/d。在此前提下,应尽量限制饲料摄入量,以达到控制体重,节约饲养成本的目的。即使膘情差的母猪复膘也应安排在妊娠后的1个月后进行。特别是炎热夏季更要注意(年龄小和膘情差的母猪及寒冷季节适当多喂,反之适当少喂)。

妊娠期限饲的好处:

·增加胚胎存活率。

·减轻母猪的分娩困难。

·减少母猪压死初生仔猪。

·母猪在哺乳期体重损耗减少。

·饲养成本显著下降。

·乳房炎发生率减少。

·延长繁殖寿命。

生产实践中发现母猪在妊娠期平均喂给2~2.2kg的饲料会有较满意的结果。因为对初产或个体小的母猪需较高的体重增长需要，而对体重大的母猪则需较高的维持需要，所以这个推荐的标准采食量可适合不同类型的母猪。但是，决不能忽视个别母猪的体况，必要时要采取相应的措施。

在妊娠期若喂给过多的饲粮则降低哺乳期母猪的采食量。因此，为了使母猪在哺乳期能获得最大的采食量，就要控制母猪在妊娠期饲料的摄入量。

在妊娠后期，母猪的营养需要量很大，但由于胎儿占据了腹腔大部分空间，母猪不能采食太多的饲料，那样会使二者产生矛盾。因此必须提高日粮的营养浓度，以满足机体的需要。此时，不宜饲喂大量青粗饲料，饲粮的体积应与妊娠母猪的采食量相适应。

（3）少喂勤添

从母猪产前第一周开始，应逐渐减少饲料喂量，到临产前可削减到原喂量的50%~70%。不应饲喂难消化和易引起便秘的饲料。对于临产前的母猪，可采取增加饲喂次数和减少每顿喂量的方法，以减轻母猪的消化负担。对于少数营养不良的瘦弱母猪，可采取减少青、粗饲料喂量的方法，使饲养体积缩小而总营养价值并不降低。

（4）饲料要有一定的体积

这阶段饲料应含有一定量的青粗饲料，使母猪吃后有饱腹感，也不会压迫胎儿。更重要的是，青粗饲料所提供的氨基酸、维生素与微量元素很丰富，有利于胚胎的发育。同时，青粗饲料可防止母猪的卵巢、子宫、乳房发生脂肪浸润，有利于提高母猪的繁殖力与泌乳力。适当增加轻泻性饲料如麸皮,以防便秘,因为便秘会引起母猪流产。但妊娠3个月后,就应该限制青粗饲料的给量。否则,会压迫胎儿容易引起流产。

4. 妊娠母猪的管理

(1)饲养方式

可分小群饲养和单栏饲养。

①小群饲养:小群饲养就是将配种期相近、体重大小和性情强弱相近的3~5头母猪在一圈饲养,到妊娠后期每圈饲养2~3头。小群饲养的优点是妊娠母猪可以自由运动,吃食时由于争抢可促进食欲;缺点是如果分群不当胆小的母猪吃食少,影响胎儿的生长发育。

②单栏饲养也称禁闭式饲养:妊娠母猪从空怀阶段开始到妊娠产仔前,均饲养在宽60~70cm,长2.1m的栏中。单栏饲养的优点是吃食量均匀,没有相互间碰撞;缺点是不能自由运动,肢蹄病较多。妊娠母猪最好单栏饲养。如果为了节省人力,充分利用圈舍,在妊娠前期可2~3头母猪饲养。但每头母猪的体重、年龄、性情与妊娠期要大致相同。

(2)良好的环境条件

妊娠母猪最适宜的环境温度为15~21℃,湿度为45%~65%。妊娠母猪配种后宁静与休息是饲养管理的重点,有利于受精卵的着床,减少胚胎的损失和流产。母猪群饲比单饲要增加15%的饲料,这样才能保证所有母猪都能获得充分的饲料摄入量。另外注意保持猪舍及猪体的清洁卫生,对种猪群进行常规驱虫,既能保证母猪摄入的饲料真正用于生产而不间接用于体内寄生虫,又可防止猪虱与皮肤病,以免母猪因奇痒经常蹭痒而导致流产。注意防寒防暑,有良好的通风换气设备,保证猪舍空气清新。并且猪圈要平坦、干燥、清洁,保持冬暖夏凉,积肥坑要浅,上下坑的坡度不要太陡。

（3）耐心管理

饲养人员要加强责任心，耐心、细心照顾，切不可粗暴对待妊娠母猪。对妊娠母猪转群或跨越粪沟、门栏时，动作要慢，态度要温和，防止拥挤、急转弯及在光滑泥泞的道路上运动，驱赶时不要打击腹部，且不要打骂惊吓，以防母猪因受惊吓造成流产。如果经常触摸母猪腹部，可以方便将来接产管理。另外。每天都要观察母猪的吃食、饮水、粪尿和精神状态的变化。注意发现异常情况，做好防病治病等工作。

三、分娩母猪的饲养管理

1. 产前准备工作

在母猪产前7~10d，应彻底清扫、消毒产房，确保母猪、仔猪产后平安。保持产房清洁、干燥，光照充足，通风良好。准备好接产用具和药品。加强母猪产前护理，产前2周要驱除体外寄生虫，用2%敌百虫水溶液喷雾灭除，以免产后传到仔猪身上。

母猪分娩前5~7d，若体况和乳房发育比较好，应开始逐渐减少喂料量，至产前1~2d减至日粮的一半，同时停止喂青绿多汁饲料和青贮发酵饲料，防止产后乳汁分泌过多而引起乳房炎。

母猪临产前4~5d转入产房，使其提前熟悉新环境，避免产前剧烈运动造成死胎，便于接产管理。

2. 观察临产症候

①乳房的变化：母猪在产前15~20d乳房由后向前逐渐下垂，接近临产期乳房前后膨大，乳头呈"八"字形分开并挺直，皮肤紧张、发热，白毛色的初产母猪乳房周围的皮肤还明显地发红发亮。

②乳头的变化：临产前母猪的乳头外胀、发红、光亮、变粗，从前向后逐渐能挤出乳汁。前面乳头能挤出乳汁时，约在24h内产仔；

中间乳头能挤出乳汁时，约在12h内产仔；最后一对乳头能挤出乳汁时，随时都可能产仔。

③生殖器变化：阴门肿大、松弛，颜色发红或呈紫红色，从中流出稀薄的黏液。

④母猪的表现：母猪出现停食、紧张下安、时起时卧、性情急躁、徘徊运动、尾根抬起、频频排粪排尿、开始阵痛，从阴门中流出稀薄的带血黏液，说明母猪已"破水"，马上就要分娩。

⑤母猪分娩前，要清洗母猪乳房、乳头、阴部；消毒接产用具；仔细检查配用的保温箱及灯泡，保温箱内应垫保暖材料，保证箱内干燥、温度适宜。

3. 母猪的分娩过程

母猪分娩时一般侧卧，经几次剧烈阵缩与努责后，胎衣破裂、血水、羊水流出，随后产出仔猪。一般每5~30min产出1头仔猪，整个分娩过程一般为3~5h。超过8h可能是难产，应根据具体情况，采取相应的助产措施。仔猪全部产出后，胎衣全部排出需3h，超过3h就要采取相应的措施，如注射催产素，特别是天热季节，如果胎衣全部或部分未排出，在子宫内腐烂，会造成母猪产后高烧而无奶。

4. 接产

母猪产仔时，都采取躺卧姿势。如果初产母猪站着产仔，则应设法用手抚摸其腹部，使其躺卧产仔。

①擦黏液：仔猪产出后，马上用干净的布片或毛巾，将仔猪口、鼻的黏液掏出，防止黏液把仔猪闷死。然后用干净的布片或软草将仔猪身上的黏液擦干。

②掐断脐带：先将脐带内血液向腹部方向挤压，然后在距腹壁4cm处掐断脐带，断端涂5%碘酊消毒。

③及时吃初乳：对初生仔猪经过上述处理后，即将仔猪送到母

猪身边吃奶,然后放入保温箱内。对不会吃奶的仔猪,要给予人工辅助。从仔猪出生到第一次哺乳的间隔时间最长不得超过2~3h,必须让初生仔猪尽快吃到初乳。

④假死猪救治:如遇仔猪产后不会呼吸,用手轻按脐带根部感到脉搏尚有跳动的为假死仔猪,应用人工呼吸急救。方法是:将仔猪仰卧,用手推其两前肢,牵动身体做前后伸屈动作,用手掌轻轻按压仔猪胸壁,每分钟10~20次,持续4~5min,以促进呼吸。对于救活的仔猪应特殊护理2~3d,使其尽快恢复健康。

⑤助产:当胎膜破裂,胎水流出时,母猪起卧不安,阵痛加剧,努责次数增多,心跳加快,甚至发生呼吸困难,需及时进行人工助产。助产方法:双手托母猪的后腹部,随着母猪的努责,用力向尾根方向推。当仔猪头或腿在阴门露出时,趁着努责用手抓住拉出。上述方法无效的,可进行掏仔。在整个助产过程中,要尽量避免损伤和感染,最后注入抗生素药物(如青霉素和链霉素各100万~200万单位,加凉开水100ml稀释,防止因产道感染而发生子宫炎)。

5. 产后护理

母猪整个分娩过程一般持续2~4h。仔猪全部产出后,经10~30min母猪开始排出胎衣(也有边产边排胎衣的情况)。胎衣排净平均需4.5h,同时清点胎衣数是否与产仔数相等。分娩完后要把母猪后躯擦拭干净,换上清洁的垫草。

母猪在分娩过程中体力消耗大,体液损失多,疲劳而口渴。产后应给母猪喂些豆饼煮的水,加些麦麸或米糠,并适当加些食盐,以补充体液,解除疲劳,也可避免母猪因口渴而吃仔。

分娩后2~3d,不要喂得太多,也不要喂太稠的饲料。饲料营养要丰富,容易消化,要调制成稀粥状,喂量要逐渐增加。从分娩后1周开始喂给正常饲料,逐步达到标准喂量或不限量采食。

6. 母猪分娩期间常见问题的处理方法

为保证母猪安全分娩，提高新生仔猪的存活率，在母猪分娩过程中细心照料母、仔猪，及时发现问题及时解决，是母猪分娩时工作的主要内容，母猪分娩时常见的问题如下：

（1）母猪难产

母猪产仔时多数侧卧，腹部阵痛，全身哆嗦，呼吸紧迫，用力努责，阴门流出羊水，两后腿向前直伸，尾巴猛烈摇动，后产出仔猪。若母猪临产时羊水排出后一个小时，未见有仔猪产出或分娩间隔超过一个小时就视为难产。常见有以下几个原因引起：

①母猪产道无力引起的难产：多见于胎龄较大的母猪。治疗措施，静注或皮下注射 30～40U 的催产素或进行人工助产；人工助产时要把手臂清洗干净，用 0.1% 的高锰酸钾溶液消毒，涂上液体石蜡或肥皂水润滑好，伸到母猪子宫内掏出仔猪，动作要轻柔，注意不要划伤子宫体，掏完仔猪后要立刻肌注 20～30U 催产素，等胎衣排完后注射青链霉素，防止子宫内炎症的发生。

②胎儿过大或产道狭窄引起的难产：多见于初产母猪。这时不能用催产素，否则易引起子宫破裂，应立即实施人工助产，如助产不成功可采取锯胎的方法保住母猪，一般只要锯掉子宫口的胎儿就可以了，方法是用一只手扶住锯柄，另一只手把住线锯顶端，将锯带入子宫内，用两只锯柄顶住胎儿两腮部，线锯套住胎儿环椎，用手扶住胎儿头，助手用力一拉线锯，就可将胎儿上下额骨分开，分别取出。

③母猪羊水缺乏：多见于营养不良或遗传原因引起，临床症状为母猪强力努责，只有少量水排出，呼吸紧迫，用手探进子宫不光滑，很难进入。治疗方法，用木板将母猪后躯垫起，将 40℃ 生理盐水 2 500～5 000ml 用一次性输精管注到子宫内，直到子宫内有大量

水排出,用手伸进子宫内光滑为止,等20min左右如不产猪,便采取人工助产,胎衣排出后注射青链霉素,防止子宫内炎症的发生。

（2）母猪产后无乳

母猪产完仔猪只有少量的乳汁排出或无乳排出,仔猪围着母猪乱转,并发出尖叫。这时可将仔猪进行寄养或饲喂冷冻初乳,以让仔猪先获得足够的母源抗体保护,并喂给母猪催奶灵,同时皮下注射催产素30~40U,每天4~5次,以促进乳汁快速排出。

（3）母猪拒绝授乳

母猪因乳房炎、受惊吓或其他原因引起不让仔猪吃奶,表现为母猪以腹部着地,仔猪睡觉时间很长,醒后便围母猪乱转,不断拱母猪腹部乳房部位。这时可先对母猪进行乳房按摩,用毛巾热敷乳房。如发现有炎症可肌注感必治稀释头孢噻呋钠进行治疗,能取得较好的效果。

（4）母猪产后咬仔

多发生于初产母猪。初产母猪没有经验,由于生产过程疼痛或受到应激见到仔猪就精神紧张,以致咬仔猪,这时可把仔猪抓到保温箱内,再按摩母猪下腹部让母猪仰卧,用木板等挡住母猪的前半部分,不让其看见仔猪,再把仔猪抓出来让其吃奶,等母猪呼吸均匀后,发出"哼哼"的叫声,去掉木板,母猪就可让仔猪吃奶。如上述方法不成功,可给母猪肌注镇静剂,再让仔猪吃奶。如果把初产母猪对面放一个母性较好的经产母猪,并让其先产猪,让初产母猪看经产母猪哺乳的过程,可减少咬仔现象的发生。

四、哺乳母猪的饲养管理

哺乳母猪饲养得好,不仅能保证母猪有健康的体质和量多质好的乳汁,提高母猪的泌乳量、断奶仔猪的成活率和仔猪的断奶体重,而且能促使断奶后母猪的正常发情、配种,使母猪迅速转入正常繁殖状态。因此加强哺乳母猪的饲养及管理,是提高养猪经济效益的关键。

1. 哺乳母猪的饲养

(1)饲料多样与营养全面

哺乳母猪的日粮中应以能量饲料为主,适当喂一些粗纤维日粮(如麸皮汤等),可以有效地防治母猪便秘,一般饲喂量应控制在整个饲料的粗纤维含量不超过7%。根据哺乳母猪的特点,在饲料中注意多供应蛋白质含量丰富的饲料,以满足哺乳母猪的需要。同时,注意各种氨基酸的平衡,满足矿物质和维生素的需要。母猪如果缺少维生素A,就会造成泌乳量和乳的质量下降,缺乏维生素D,则会引起母猪产后瘫痪。在生产实践中,一般采用母猪自由采食。在高温季节特别注意提高能量浓度,最好在饲料中添加6%的脂肪,可明显减轻热应激所导致的采食量下降,还可缩短断奶后的休情期。

(2)增加饲喂次数

采用少喂勤添的方式增加饲喂次数,使母猪能吃好、吃饱,有利于泌乳性能的充分发挥。哺乳母猪一般每日喂4次为好,时间以每天的6时、10时、14时和22时为宜,每次间隔时间要均匀,做到定时、定量。最后一餐不可再提前,这样母猪有饱腹感,夜间不站立拱草寻食,减少压死、踩死仔猪现象发生。

(3)饲料喂量合适

母猪在哺乳期负担很重,营养需要量与其他时期比较也是最多的。由于母猪采食量有限,在哺乳期让母猪敞开吃料,也满足不了泌乳的营养需要。因此,母猪在泌乳期内体重往往有所下降,尤其是泌乳量高的母猪,产后体重持续减轻,一直到泌乳后期体重才逐渐停止下降。为了不使母猪失重过多，影响健康和繁殖，必须加强哺乳母猪的饲养。母猪每天的营养需要量与体重和带仔头数不同而有差异。母猪体重越大，营养需要越多，同样体重的母猪，带仔头数增加，营养需要量也要增加，一般都按每多带一头仔猪，在母猪维持需要基础上加喂0.35kg饲料，母猪维持需要按每100kg体重喂1.1kg饲料计算，才能满足需要。如体重120kg的母猪，带仔10头，则每天平均喂饲料4.8kg。如带仔5头，则每天喂饲料3.1kg。

（4）饲喂方法

母猪分娩的当天不喂料或适当少喂些混合饲料，但喂量必须逐渐增加，切不可一次喂很多，骤然增加喂量，对母猪消化吸收不利，会减少泌乳量。母猪产后发烧原因之一，往往是由于突然增加饲料喂量所致。为了提高泌乳量，一般都采用加喂蛋白质饲料和青绿多汁饲料的办法。但蛋白质水平过高，会引起母猪酸中毒。故必须多喂含钙质丰富的补充饲料，再加喂些鱼粉、肉骨粉等动物性饲料，可以显著地提高泌乳量。

为了防止母猪发生乳房炎，在仔猪断奶前3~5d减少饲料喂量，促使母猪回奶。仔猪断奶后2~3d，不要急于给母猪加料，等乳房出现皱褶后，说明已回奶，再逐渐加料，以促进母猪早发情和配种。

如需在哺乳期更换饲料，则应逐步进行。如果母猪过度瘦弱，应提早给仔猪断奶，一方面加强仔猪的护理，另一方面对母猪加强饲养，以便使其尽快恢复健康。

（5）饲喂优质的饲料

发霉、有毒、变质的饲料，绝对不能喂哺乳母猪，否则会引起母猪严重中毒，还能使乳汁变质，引起仔猪拉稀或死亡。

2.哺乳母猪的管理

①保证充足的饮水。母猪哺乳阶段需水量大，只有保证充足清洁的饮水，才能有正常日泌乳量。产房内最好设置自动饮水器和储水装置，保证母猪随时都能饮水。夏天高温季节更应保证饮水器有足够的供水量。

②猪舍的环境要适宜。哺乳母猪舍一定要保持清洁、干燥和通风良好。冬季注意保暖，防止贼风袭击，母猪舍肮脏、潮湿，常是母猪、仔猪患病的诱因。特别是产房内空气湿度大，会使仔猪患病并影响增重。

为了让母猪很好地休息，要保持产房的安静。在母猪放奶时，不要扫圈、喂食、大声喧哗，以保证正常放奶。此外，还要创造条件，每天让母猪都能有一定的运动时间，以促进体质健壮，提高泌乳力。

③保护泌乳母猪的乳房和乳头。母猪乳腺的发育与仔猪的吮吸有关，所以母猪特别是头胎母猪，一定要注意让所有乳头都能得到均匀利用，否则就会出现乳房大小不均，形成发育好的乳房泌乳多，发育差的泌乳少。因此，当头胎母猪产仔过少时，可采取并窝办法。如没有并窝条件，则应让一头仔猪吃几个乳头，尤其要训练仔猪吮吸后部的乳头，防止未被吮吸的乳头萎缩，影响下一胎仔猪的吃奶。此外，哺乳母猪的乳房一定要经常保持干净，以免仔猪吃了被污染奶头的奶而拉稀、生病。为了保持乳头清洁卫生，除经常打扫和消毒产栏（圈）以外，应训练母猪定点排粪尿，不让其在猪床上排粪尿。

④保证圈栏光滑，地面平坦，防止划伤母猪的乳房和乳头。

⑤身体强健的哺乳母猪，在产后1周左右即可出现发情，此时不应配种，否则影响母猪的泌乳力。

⑥适当的运动可促进母猪的产后身体恢复和泌乳性能。

第四节　仔猪的饲养管理

一、哺乳仔猪的饲养管理

仔猪培育是养猪生产的基础阶段,仔猪的好坏直接影响整个饲养期猪的生长速度和饲料转化率,关系到猪场的经济效益。仔猪成活率低和生长缓慢是目前我国养猪生产中存在的主要问题。根据仔猪的生理特点,实行科学饲养管理是养猪成功的关键。

1. 仔猪生理特点

通常将体重在20kg以下的猪叫仔猪,仔猪的生理特点决定了其饲养管理的独特性。仔猪的生理特点主要有:

(1)胃肠功能差,消化机能不完善

表现为胃肠容积小,酶系统发育不完善(初生期只有消化母乳的酶系,消化非乳饲料的酶系在1周龄后才开始发育),胃肠酸性低,限制了养分的吸收;胃肠运动机能微弱等。

(2)体温调节能力差

物理调节和化学调节效率都很低,对寒冷的抵抗力差。因此,仔猪保温十分重要,尤其是生后第1~2周。

(3)生长强度高

仔猪越小生长强度越高,决定了仔猪高能高蛋白的营养特点。

(4)免疫机能不全

因为母猪的胎盘阻隔,胎儿不能从母体获得免疫能力。初生仔猪吃到初乳后,初乳中的母源抗体(免疫球蛋白)可由肠道直接进入血液。但初乳中的免疫球蛋白在仔猪出生3d后迅速下降。因此仔猪吃好初乳很重要。仔猪本身10日龄后才开始产生抗体，但直到30~35d数量还很少，此后逐渐上升至正常水平。仔猪3周龄左右是免疫球蛋白青黄不接阶段，应特别注意防病。

（5）母乳中含铁很少

乳猪不能依靠母乳获得足够的铁，在生后3~4d内应该补铁。上述生理特点是造成腹泻和下痢的生理基础，应特别注意加强仔猪管理和营养调控。

2. 初生至3日龄的饲养管理

（1）擦除黏液

仔猪初生后，需立即除去身上黏膜和口腔黏膜，使仔猪能自由呼吸。

（2）固定乳头

仔猪初生后，擦干身体放入保温区，并帮助仔猪吮吸初乳。仔猪具有固定乳头吸乳的习惯，人工协助固定奶头是提高仔猪成活率的重要措施之一。分娩结束后应按体重大小、体格强弱调整仔猪，将弱小仔猪放在中、前部乳头旁，强壮的仔猪放在后面的乳头旁，尽快固定乳头。母猪初乳不仅营养丰富，而且含有母源抗体，让仔猪及早吃足初乳，对于仔猪生长发育和防病非常重要。

（3）助产

在母猪难产或分娩时间过长时，应予以助产，以减少死胎。

（4）保温与通风

仔猪抗寒能力弱，要注意保温。

仔猪适宜的环境温度：

·1~3日龄为30~35℃；

·4~7日龄为28~30℃；

·8~14日龄为25~28℃；

·15~30日龄为22~25℃。

保温措施很多，农村养猪户，可将初生的仔猪放在草窝内或护仔筐内或红外线灯下，冬天护仔筐上面盖一些麻袋片。猪舍内要铺垫褥草，并要经常更换，保持干燥卫生。也可在猪舍避风处建一个长、宽各60~80cm，高60cm的保温室，一侧留有长、宽各30cm的四方活动门，室内铺放干软垫草，内吊一个150~250W的红外线灯（插头要瓷质），灯泡悬挂高度要根据仔猪需要的适宜温度而定，一般高度为40~50cm。为了消除分娩舍湿气、异味及利于猪只散热，须给予通风。

（5）剪断脐带

妊娠期间，胎儿经由脐带获得营养。仔猪脱离产道后，脐带将成为细菌侵入初生仔猪的一条通道，若操作不当，会造成细菌感染。为防止感染，剪断脐带后须用2%碘酒消毒。如发生脐部出血，用一根线将脐带绷紧。

（6）剪牙

为防止仔猪打斗时相互咬伤或咬伤母猪乳头，可在出生时把仔猪的两对犬牙和两对隅齿剪掉，但要小心不要剪伤牙床。

（7）适时寄养

对于那些产仔头数过多、无奶或少奶、母猪产后因病死亡的仔猪采取寄养，是提高仔猪存活率的有效措施。当母猪生产头数过少需要并窝合养，或使另一头母猪尽早发情配种时，也需要进行仔猪寄养。

仔猪寄养时要注意以下几方面的问题：

①母猪产期接近：实行寄养时应与母猪产期尽量接近，最好不超过3~4d。后产的仔猪向先产的窝里寄养时，则要挑体重大的寄

养,而先产的向后产的窝里寄养时,则要挑体重小的寄养,以避免仔猪体重相差较大,影响体重小的仔猪发育。

②被寄养的仔猪一定要吃到初乳:仔猪吃到初乳才容易成活,如因特殊原因仔猪没吃到生母的初乳,可吃养母的初乳。

③寄养母猪必须是泌乳量高、性情温顺、哺乳性能强的母猪:只有这样的母猪才能哺育好寄来的仔猪。

④使被寄养的仔猪与养母的仔猪有相同的气味:猪的嗅觉特别灵敏,母猪和仔猪相认主要靠嗅觉来识别。多数母猪追咬别窝仔猪(严重的可将仔猪咬死),不给哺乳。为了使寄养顺利,可将被寄养的仔猪涂抹上养母奶或尿,也可将被寄养仔猪和养母所生仔猪关在同一个仔猪箱内,经过一定时间后同时放到母猪身边,使母猪分不出被寄养仔猪的气味。

3. 3日龄至3周龄饲养管理

(1)注射铁剂

在3~4日龄注射100~150mg铁制剂(右旋糖酐铁)预防仔猪贫血。铁制剂不应注射在腿部肌肉,而应注射在颈部。

(2)去势

最适合的时间是7~14日龄,使用干净、尖锐的手术刀片。手术部位使用消毒剂消毒。

(3)饲喂开食料和补水

在仔猪生后7~10d,应饲喂开食料。开食料在仔猪活跃时进行,能取得最佳效果。每次哺乳以后及每天的下午到傍晚是仔猪的活跃期,每次补料要求饲料新鲜、少量,每天6次以上。供应开食料的目的是使仔猪消化道耐受固体日粮刺激,产生免疫耐受力,断奶后腹泻才会大大降低。仔猪3日龄有渴感,10日龄后表现突出,需要水分多,加上奶汁较黏稠,应注意补充水分。

（4）预防仔猪下痢

仔猪下痢的病因十分复杂，可分为病原性和非病原性病因。病原性病因包括多种细菌、病毒甚至寄生虫等，非病原性病因包括营养和饲养环境的应激，如潮湿、温度变化、断奶应激、季节温差等。此外，母猪本身的营养状况也会影响仔猪造成下痢。

预防下痢的措施：

①首先要为仔猪提供一个干燥、温暖、无贼风的环境，定期清洗及消毒猪舍，降低畜舍病源含量。

②减少断奶仔猪移圈及换料应激。应作断奶仔猪的"两维持，三过渡"，即维持在原圈管理和维持原饲料饲养，并逐渐做好饲料、饲养制度和环境的过渡。

③免疫仔猪和母猪。根据当地传染病发生情况采取适当的免疫措施，如对仔猪进行猪瘟、猪丹毒、仔猪副伤寒等疫苗的免疫，以及母猪免疫传染性胃肠炎（TGE）、梭菌、大肠杆菌疫苗。

④以抗生素治疗细菌引起的下痢。饮水中添加抗生素是一种有效的方法，通常抗生素药物（如庆大霉素、卡那霉素）口服效果优于注射。

⑤实施全进全出制度，切断平行传染源。

⑥早期隔离断奶，可控制许多传染病。

⑦加强弱小仔猪的饲养管理。固定乳头时将弱小仔猪固定在前面乳汁多的第三、四对乳头上，并多次训练固定位次，必要时口服代用乳。防止母猪压伤仔猪。严格控制弱小仔猪环境温度、卫生等饲养条件，必要时单独设置优良的饲养环境。

⑧仔猪3周龄左右抗病力最差，避免在此阶段进行去势、驱虫、注射疫苗等活动。

⑨营养方面，考虑3~5周龄仔猪胃酸分泌还很少，可在日粮中

加入1%~2%的酸化剂（如甲酸钙、柠檬酸、富马酸等）增加肠道酸度，提高胃蛋白酶活性，同时抑制有害菌繁殖，促进生长。在仔猪日粮中加入适量复合酶可帮助消化。在有条件的猪场，乳猪料中可使用一定量的膨化大豆，这样做不仅提高了乳猪料的有效能值，而且还能防止豆粕中抗胰蛋白因子和抗原性蛋白质诱发的仔猪下痢。

（5）仔猪的断奶标准

①考虑断奶后是否能够独立的生活是断奶的先决条件。

②仔猪断奶体重必须在5.5kg以上。

③仔猪断奶前日采食乳猪料必须在150g以上。

④充分考虑断奶后的养育条件及营养条件。

（6）正确的断奶方法

仔猪断奶的时间，一般在3~5周龄，应根据猪的品种、母猪的膘情、产奶的多少及仔猪的用途和市场的需要灵活掌握。考虑到从母猪到育肥猪整个生产周期总效益的影响，目前国内规模化猪场多采用28日龄断奶。断奶的方法可分一次断奶、分批断奶和逐渐断奶。

①一次断奶：当仔猪达到预定的断奶日龄，断然将母猪与仔猪分开。由于突然断奶，仔猪因食物和环境的突然改变，引起消化不良，情绪不安，增重缓慢或生长受阻，又易使母猪乳房胀痛或致乳房炎。但这一方法简单，使用时应于断奶前3~5d减少母猪的饲喂量，加强母猪和仔猪的护理。

②分批断奶：按仔猪的发育、食量和用途分别先后断奶。一般是将发育好、食欲强、用作育肥的仔猪先断奶，体格弱、食量小及留种用的仔猪适当延长哺乳期。这一方法的缺点是断乳拖长了时间，先断奶仔猪所吸吮的乳头成为空乳头，易患乳房炎。

③逐渐断奶：在仔猪预定断乳日期前4~6d，把母猪赶到离原圈较远的圈里，定时赶回让仔猪哺乳。这一方法可缓解突然断乳的刺激，一般称此为安全断乳。

（7）断奶仔猪的应激

断奶仔猪的应激是指仔猪实行断奶后外源性刺激对仔猪所造成的不适反应。它是仔猪断奶所必需的生活经历，对仔猪的生长发育有一定的影响。我们必须设法把这种影响降到最小程度。断奶仔猪的应激表现为如下几个方面：

①失去母亲关爱的怀抱，乳汁供给停止。

②采食地点、饮水地点、排便、歇卧地点发生变化，需要一定的时间来适应。

③面临新的伙伴关系的重新建立。

④消化机能不够完善，面临更换饲料的考验。

⑤机能调节由刺激调节向神经调节尚需要过渡。

⑥免疫系统还很脆弱，对疾病的抵抗力差。

⑦断奶后注射疫苗引起的应激。

（8）断奶前的管理

①断奶逐渐过渡：断奶前4~6d，哺乳次数由5次逐渐减少，由夜间母仔同居，逐渐改为母仔分居（把母猪赶到另一个圈里），在逐渐减少吃奶次数的同时，逐渐锻炼仔猪的采食和消化能力，为将来断奶后独立生活打下基础，同时避免母猪发生乳房炎。如母猪膘情不好，产奶也不多，也可采用一次断奶法，即断奶时将母仔一次分开喂养。如果一窝仔猪强弱不均，也可采取分批断奶法，即强壮的仔猪先断奶，让弱小仔猪多吃几天奶。

②猪舍逐渐过渡：即采取"赶母留仔"的办法使仔猪环境改变不致太突然，否则会引起不安，影响仔猪健康与增重。

③饲料组成逐渐过渡：仔猪断奶后不改变饲料种类和比例，一个月后逐渐改为断奶仔猪日粮。

④饲喂次数逐渐过渡：断奶后一个月才逐渐减少饲喂次数，在这之前采取自由采食。

⑤饲料量逐渐过渡：断奶最初半个月不改变饲料给量，断奶当天通常减食，2~3d后由于饥饿而暴食，此时只喂七八成饱，以防暴食，否则会因消化不了引起下痢。在这之后慢慢过渡到自由采食，直到一个月后才逐渐减少饲喂次数。

⑥离乳时间允许超过2~3d时，每窝中体重较大者先行离乳。环境温度保持在27~30℃。断奶仔猪依体重大小分栏饲养。

⑦断奶时间：根据圈舍温度、卫生条件、设备条件及饲料组成、营养水平等来确定断奶日龄。条件较好的宜21~28日龄断奶，较差的宜28~35日龄断奶。断奶仔猪的栏舍温度应保持在20~22℃，并经常保持圈内清洁、干燥、卫生。

二、保育仔猪的饲养管理

仔猪断奶以后，就进入了保育阶段，此阶段对饲养环境和管理要求较高。

1. 营养水平与饲料构成特点

保育阶段的仔猪，通常会减少采食量。而采食量低的原因，仍然是断奶应激造成的生理异常。因此，早期断奶的仔猪，对饲料有特殊的要求。早期断奶仔猪的饲料，应该容易消化，具有较高的消化率。断奶后7~10d应采食高消化率日粮，可使每日总采食量保持较低，从而既满足仔猪的营养需要又不至于使仔猪胃肠道负担过重而引发下痢。因此，首先要尽量提高饲料的能量水平和赖氨酸水平。同时，由于豆粕中含有抗原性物质，因此，可以通过降低日粮粗蛋白质水平的办法来缓解腹泻的发生率。

在原料的选择上,可选用玉米、鱼粉、喷雾干燥的血粉及一部分豆粕。在有条件的情况下,最好用一些乳制品,使用柠檬酸等酸化剂也对帮助仔猪消化有好处。

2. 保育仔猪的饲养

仔猪断奶后往往由于生活条件的突然改变,表现出食欲不振、增重缓慢甚至减重,尤其是补料晚的仔猪更为明显。为了过好断奶关,要做到饲料、饲养制度及生活环境的"两维持"和"三过渡"。即维持在原圈培育并维持原来的饲料,做到饲料、饲养制度和环境条件的逐渐过渡。

(1)饲料过渡

仔猪断奶后,要保持原来的饲料半个月内不变,以免影响食欲和引发疾病。半个月后逐渐改喂饲料。保育仔猪正处于身体迅速生长阶段,需要高蛋白、高能量和含有丰富的维生素、矿物质的日粮。应限制含粗纤维过多的饲料,注意添加剂的补充。给仔猪投放饲料以基本吃光为原则,尽量使饲槽内饲料保持新鲜。从保育期即将结束前一周开始,适当增加生长育肥期饲料的比例,为以后转入生长育肥舍做好准备。

(2)饲养制度的过渡

仔猪断奶后半个月内,每天饲喂的次数比哺乳期多1~2次。这主要是加喂夜餐,以免仔猪因饥饿而不安。每次喂量不宜过多,以七八成为度,使仔猪保持旺盛的食欲。

仔猪采食大量饲料后,应供给清洁饮水,以免供水不足或不及时,致使仔猪饮用污水或尿液而造成下痢。

(3)环境过渡

仔猪断奶的最初几天,常表现出精神不安、鸣叫、寻找母猪。为了减轻仔猪的不安,最好将仔猪留在原圈,也不要混群并窝。到断奶半个月后,仔猪的表现基本稳定时,方可调圈并窝。在调圈分群前3~5d,使仔猪同槽吃食,一起运动,彼此熟悉。然后再根据性别、个体大小、吃食快慢等进行分群,每群多少视猪圈大小而定。应让保育仔猪在圈外保持比较充分的运动,圈内也应清洁干燥,冬暖夏凉,并且进行固定地点排泄粪尿的调教。

（4）添加抗菌素

饲料中按规定标准加入抗菌素,能够增强抵抗疾病的能力,促进猪的生长发育。一般常用的抗菌素有金霉素、土霉素等。用量按猪的体重、饲料类型和卫生条件而定,仔猪每吨饲料中添加抗菌素10~40g;僵猪每吨饲料中添加抗菌素50~100g,发育正常后降低到正常水平。抗菌素应连续使用,如果仔猪断奶后停喂,反而容易发生疾病。

（5）应用微量元素

微量元素的需要量很少,但对猪的生长发育影响很大。微量元素中,铜有较突出的促生长作用。每吨配合饲料中添加30~200mg铜,可使猪保持较高的生长速度和饲料利用率,通常使用易溶于水的硫酸铜和氧化铜。市场上出售的生长素,不仅含有适量的铜,还含有适量的锌、铁、锰等微量元素。在使用生长素时,要严格按照使用说明中的用量饲喂,若超量饲喂将会引起仔猪中毒。

3. 保育仔猪的管理

（1）创造舒适的环境

保育仔猪圈必须阳光充足,温度适宜（22℃左右）,清洁干燥。猪圈在仔猪进入前应彻底打扫干净,并用2%的火碱水全面消毒,然后铺上干土与干草的混合垫料,为保育仔猪创造一个舒适的小环境,有利于其生长发育。栏内应有温暖的睡床,以防小猪躺卧时腹部受凉。同时要注意防止贼风,保持舍内干燥(湿度应在 50%~75%)、温暖和空气清新。

(2)合理分群

仔猪断奶后,在原圈饲养10~15d,当仔猪吃食与排泄正常后,再根据仔猪性别、大小、吃食快慢进行分群,应使个体重相差不超过2~3kg的仔猪合为一群。让体重小、体弱的仔猪单独组群,给予细致照顾。

(3)有足够的占地面积和饲槽

如果仔猪群体过大或每头仔猪占地面积太小,加之饲槽不多,较易引起仔猪间互相争斗,造成休息不足,采食量不够,从而影响仔猪发育。保育仔猪每头平均占地面积为0.5~0.8m²较好,每群一般以10m²左右为宜。并需设足够的食槽与水槽,让每头仔猪都能吃饱饮足,健康生长。

(4)细心调教

对保育仔猪细心调教的主要内容是:训练仔猪定点排粪尿,这十分有利于在冬季保持圈内的干燥、清洁与卫生,减少疾病(如气喘病、传染性、胃肠炎等),有利于保育仔猪的生长。

(5)防寒保温

北方冬季与早春气候寒冷,仔猪又特别怕冷,常堆积在一起睡卧,互相挤压,并就地排泄,这样不仅容易压死、压伤仔猪,而且还易患病(如感冒、拉稀等),严重影响仔猪生产发育,甚至会引起僵猪。为此在入冬前要维修好猪圈。圈内多垫些干土与干草,并勤扫勤垫,必要时圈前、圈后(通道的门)挂草帘与生炉火取暖等,有条件时可修建暖圈或塑料大棚来饲养保育仔猪。

(6)观察猪群状况

每天一上班对猪群都要做全面的巡查,注意观察每个栏的每一头猪,登记不正常的猪只,移走死亡和隔离需要特别照顾的仔猪。仔细地观察不愿吃料的猪只,因为这可能是猪患病的征候,因此对其不可掉以轻心,而应立即查明原因。

(7)控制疾病的发生率,减少僵猪的产生,提高断奶仔猪的成活率

对于大部分的传染病来说,保育猪是个非常敏感的环节,所以留心猪群的状态,及时发现病猪相当重要。一群猪中个别猪只离群、精神呆滞,多为有疾病发生,如测量发现其体温升高的话,则可能感染上了病菌,应立即肌注抗生素和打退烧针,严重的应向上报告。突然死亡的猪只应进行解剖诊断。

①断奶仔猪抵抗疾病的能力较差,仔猪断奶后最容易发生的疾病是营养性的腹泻和疾病性的腹泻,前者是由于饲喂不当所致的消化道功能紊乱,后者是由于病原微生物或者是由于管理不当所致消化道损伤性疾病。所以对于发生腹泻首先要确诊,然后对症治疗并注意疗程与疗效。

②僵猪在断奶仔猪养育这一阶段最易形成,有的是由于营养因素,有的是由于疾病因素,有的是由于综合应激因素,有的是上述三种因素兼而有之,所以断奶仔猪要精心呵护。

(8)卫生防疫

保育舍猪栏原则上不提倡做太多的冲洗,对粪便按从小龄猪猪栏到大龄猪猪栏,从健康猪猪栏到病猪猪栏的顺序直接干清扫,而且每个饲养单元清洁工具不能混用。在打扫猪栏的同时检查设备的工作情况,例如饮水器是否堵塞或漏水,取暖设备是否正常,舍内温度过高还是过低,湿度和通风符不符合要求等,同时清走过剩的饲料。各种疫苗的免疫注射是保育舍最重要的工作之一,在注射过程中一定要先固定好仔猪,才在准确的部位注射,不

同类的疫苗同时注射时要分左右两边注射，不可打飞针，注射时要按规定的方法稀释、摇匀，保证用具干净、消毒严格，每个猪栏使用一个针头，并将要求的剂量注射到正确的部位。在每个猪栏上要挂上免疫卡，记录转栏日期、注射疫苗情况，免疫卡随猪群移动而移动。此外，不同日龄的猪群不能随意调换，以防引起免疫工作混乱。

（9）保育仔猪的选择

保育仔猪正处于生长发育阶段，生产性能还未充分体现出来，在选择保育仔猪留种时，应从其父母品质优秀、同窝仔猪多而均匀、断奶窝重大的窝内，选留体重与断奶重都大的个体留作种用；若选作肉猪用，应选择身长体高、皮光毛顺、皮薄毛稀、眼大有神、腿臀丰满、活泼好动、食欲旺盛、健康无病的个体。

第五节　育肥猪的饲养管理

育肥是猪生产中的最后一个阶段，其主要目的是在尽可能的饲养时间内，耗费最少的饲料和劳动力，获得数量多质量好的猪肉。即达到高产、优质、高效的饲养目的。此阶段的主要任务就是充分发挥人的主观能动性，根据优良品种猪的生长发育规律和其所需饲养条件合理地控制利用这些因素，采用科学饲养方法，在获得较高日增重和饲料转化率的同时，重点提高胴体瘦肉率和养猪业的经济效益。

一、育肥猪的饲养

1. 猪的生长发育规律

要养好育肥猪就必须首先了解猪的生长发育规律,只有掌握生长发育规律才可以有效地做好育肥工作,也才能按照生长发育规律合理配制饲料,从而提高养猪生产的经济效益。

育肥猪在体重小时以骨骼生长最快,肌肉生长次之,脂肪沉积最缓慢;在体重50kg时,肉脂兼用型猪的肌肉生长达到高峰并逐渐趋于缓慢;而瘦肉型猪的肌肉生长逐渐上升,直到体重接近90kg时,肌肉生长才趋于缓慢,而此时,瘦肉型猪的脂肪生长速度加快,并逐渐达到高峰,肌肉和骨骼生长缓慢,或逐渐停止。

2. 饮水与喂料

(1)饮水

水是猪机体细胞和血液的重要组成部分,也是猪的重要营养物质之一,对体温调节和物质代谢等起着重要作用。因此,给猪提供充足而清洁的饮水十分重要。在当前环境污染越来越严重的情况下,如何保证猪的饮水不受重金属、农药、细菌和病毒等污染是养猪者必须注意的问题。

当猪缺水或长期饮水不足时,猪的健康会受到损害。研究表明,当肉猪体内水分减少8%时,会出现严重的干渴感觉,发生便秘,食欲丧失,并因黏膜干燥而降低对传染病的抵抗力。水分减少10%时就会导致严重的代谢失调,水分减少20%以上时即可引起死亡。在生产实践中,猪的饮水量随体重、环境温度、日粮性质和采食量等变化。一般冬季寒冷时肉猪饮水量较少,约为采食风干饲料量的2~3倍或体重的10%左右;春秋季饮水量增加,约为采食风干饲料量的4倍或体重的16%左右;夏季饮水量更高,约为采食风干饲料量的5倍或体重的23%。生产中不能用过稀的饲料来代替饮水,因为饲喂过稀的饲料会减弱猪的咀嚼功能,冲淡口腔的消化液,影响口腔的消化作用;也减少了营养的摄入量,影响增重。

另外，饮水设备和供水方式对猪的饮水量也有影响。实践证明，以自动饮水器为最佳，在无自来水条件下可在圈内单独设一水槽，经常保持充足而清洁的饮水，让猪自由饮水，防止水质污染而引起肠胃消化系统的疾患。

（2）喂料

科学地调制饲料，并采取合适的饲喂方式，对提高猪的增重速度和饲料利用率，降低生产成本有重大意义。

①饲料调制：全价配合饲料的加工调制一般分为颗粒料、干粉料和湿拌料三种形态。饲喂效果以颗粒料为最佳，颗粒料便于投食，损耗少，不易霉变，能提高营养物质的消化率，但投资大，制粒成本高，目前多用在仔猪料中。湿拌料适口性好，可软化饲料，利于消化，但费工费时，剩料易腐败变质，母猪料和中小猪场可采用此种方式饲喂。另外，湿拌料因料和水的比例不同又分为稠料和稀料。在采用管道输送和自动给食的情况下，建议料水比例以1：4为宜。干粉料适口性差，粉尘多，易对猪只呼吸道等造成不良影响，但省时省工，一般大型猪场多用此种方式喂猪。特别是在自由采食和自动饮水的条件下，喂干粉料可大大提高劳动生产率和圈栏的利用率，但饲料的粉碎细度不宜过细，否则易粘于舌上较难咽下，影响采食量。

②饲喂方式：饲喂方式对猪的育肥效果也有重要影响。自由采食时，猪的日增重高，饲料报酬略差，瘦肉率较低；限量饲喂则日增重低，但饲料报酬高，瘦肉率略好。为了追求高的日增重用自由采食方法最好，为了获得瘦肉率较高的胴体采用限量饲喂方法最优。目前值得提倡的是前期自由采食，保证一定的日增重；后期限量饲喂，提高饲料报酬和瘦肉率。

③饲喂次数：每天喂猪要按一定的次数、一定的时间和一定的

数量,使猪养成良好的生活习惯,吃得饱,睡得好,长得快。饲喂次数与饲料形态、日粮中营养物质的浓度,以及肉猪的年龄和体重有关。日粮的营养物质浓度不高,容积大,可适当增加饲喂次数,相反则可适当减少饲喂次数。在小猪阶段,日喂次数可适当增加,以后逐渐减少。分次饲喂时要注意定时、定量、定质。饲喂次数不忽多忽少,否则会打乱猪的生活规律,降低食欲和消化机能,引起肠道疾病。实践中一般日喂2~3次,喂量以不剩料不舔食槽为宜。根据一天中猪的食欲情况,分早、中、晚3次饲喂时,饲料给量依次为35%、25%和40%较好。另外,饲料的品种和配合比例要相对稳定,不要轻易变动,如需变换时要有一个过渡期,使猪慢慢适应。

二、育肥猪的管理

1. 分群

生长育肥猪分群饲养对充分利用圈舍面积和设备,提高劳动生产率,降低生产成本有重要意义,同时还可以利用猪的同槽争食的习性来促进食欲,提高增重效果。但群饲时常易发生争食、咬架等情况,影响采食和增重。因此,合理的分群对提高猪的育肥效果有重要作用。

分群时,为了避免新组猪群内的争斗,最好采取原窝饲养法,这符合肉猪的群居行为,并有利于肉猪的生长。如采取混群并窝方式重新组群,除考虑性别外,应把来源、体重、体质、性情和采食习性等相近的猪合群饲养,并保持猪群的相对稳定。猪群的多少以10~20头为宜。猪群过大则争斗增多,休息睡眠时间少,生产性能差。为了减少猪群内的打斗,分群可采取在猪体喷洒少量来苏尔药液或酒精的办法,使所有猪气味一致,同时结合"留弱不留强,拆多不拆少,夜并昼不并"的原则,对新合群的猪要加强管理和调教工作。

2. 调教

仔猪在新编群或调入新圈时，要及时调教，使其养成在固定位置排便、睡觉、采食和饮水的习惯。这样可减轻劳动强度，并保持圈舍卫生。

调教工作关键在于抓得早，抓得勤（勤守候、勤赶、勤调教），使猪尽快养成在固定地点采食、排泄和睡觉的"三角定位"的习惯，这对简化日常管理工作，减轻劳动强度，保持猪舍的清洁干燥和猪体卫生等有积极意义。调教工作应考虑猪的行为特点，一是防止强夺弱食，对新组合的猪群要有足够的槽位，使所有猪都能均匀采食，同时对喜好争食的猪要勤赶，帮助建立群居秩序；二是通过守候、勤赶、放猪粪引诱和加垫草等方法使猪群尽快做"三角定位"。一般经过3d左右调教就会养成良好的习惯。

3. 圈养密度

猪群生活中的睡卧休息、站立活动、吃食饮水、排粪撒尿、相互戏逗和咬架追逐等构成了行为上的互作，对猪的生长速度和饲料转化率均有一定影响，而这些行为与圈养密度有直接关系。研究证明，在超过合理密度情况下，随着圈养密度或猪群头数的增加，平均日增重和饲料转化率均会下降，群体越大生产性能表现越差。主要原因是，高密度饲养时，猪的争斗次数明显增多，休息时间减少，强弱位次对于维持猪群正常秩序已失去作用，特别是在饲槽前打乱秩序更为突出；另外，由于呼吸排出的水汽增多，粪尿量加大，舍内湿度、有害气体和微生物数量增多，空气卫生状况恶化，影响猪的健康。相反，降低饲养密度可以提高猪的增重速度和饲料转化率，但密度太小会使体热散失较多，采食量增加，日增重减少，栏舍利用也不经济。因此，适当的密度可提高经济效益。具体的密度大小与各地的环境和气候条件有关，通常20~60kg的猪每头所需面积为0.6~0.8m²，60kg以上的猪每头需要0.8~1.2m²。冬季可适当提高密度，夏季应适当降低，这样可提高育肥效果。

4. 环境控制

现代肉猪生产是高密度舍饲饲养，猪舍内的小气候应是主要环境条件。研究证明，11~45kg活重的猪最适宜温度是21℃，而45~100kg猪适宜温度是18℃，135~160kg猪适宜温度是16℃。而最适宜的相对湿度为50%~65%。光照也非常重要，开放舍自然光照和在无窗舍人工光照为40~50lx的情况下，生长肉猪表现出最高的生长速度。

5. 去势

育肥猪的去势与防疫、驱虫是饲养过程中的三项基本技术措施，但生产中多种刺激不能同时实施，在时间上应恰当分开，避免多重应激对生长的影响。

我国地方猪种性成熟早，一般在生后35日龄左右、体重5~7kg时去势，此时仔猪已会吃料，体重小易保定，手术流血也少，恢复快。国外瘦肉型猪性成熟晚，幼母猪一般不去势，但公猪因含有雄性激素，有难闻的膻气味，影响肉的品质，现代化猪场多提倡早期去势，通常在仔猪生后3d内进行，这样仔猪应激小，伤口容易愈合。研究表明，未去势的公猪与去势公猪相比，日增重约高12%，胴体瘦肉率高2%，每千克增重节约饲料7%。未去势公猪比未去势母猪瘦肉率约高0.5%。近年来，也有一些国家采用公猪不去势方法生产肉猪。未去势公猪在生长速度、饲料转化率和瘦肉率方面均优于去势公猪和母猪，经济效益也高。如能完全排除膻气味，将是猪肉生产的一大突破。过去有人试图通过选种和烹调的途径来解决。

6. 卫生防疫

卫生防疫工作直接关系到猪的健康状况, 进而对育肥效果有较大影响。因此, 卫生、防疫和对疾病的监测诊断工作在现代养猪生产中不容忽视。目前, 猪场通常根据本地区传染病的流行情况, 以及本场猪群的抗体监测结果, 结合生产实际情况, 特别是针对每个地区每个饲养场, 不同季节、不同品种、不同生长阶段猪所患疾病有所不同的特点, 结合自己科学的饲养管理, 制定出适合饲养场的药物预防和消毒预防程序, 并及时进行预防接种, 以提高猪的健康水平和抗病能力。在现代化养猪生产工艺流程中, 自繁自养的仔猪通常在育成期前 (70日龄以前) 均已接种了各种传染病疫苗, 转入肉猪群后到出栏前一般不需再进行接种。

猪体内外寄生虫对育肥效果影响较大, 生产中不可忽视。现代化养猪生产中对内外寄生虫防治主要依靠监测手段, 做到"预防为主"。

圈舍除了要每天打扫、定期消毒外, 保持栏舍的清洁干燥也十分重要。

7. 适时出栏

适时出栏是获得最佳经济效益的最主要条件, 适宜的出栏活重受多种因素的影响, 其中猪的生长发育规律和市场对猪肉产品的需求规格及销售价格等是主要因素。

肉猪的最佳出栏活重的确定, 要结合日增重、饲料转化率、每千克活重的售价、日饲养费、种猪饲养成本的分担费等费用进行综合经济分析。由于我国猪种类型和经济杂交组合较多, 各地饲养条件差别也大, 肉猪的最佳出栏活重是不可能一样的。一般来说, 早熟且体型较小的地方猪种及其杂种肉猪出栏重为70kg左右; 体型中等的地方种及其杂种肉猪出栏重为75~80kg; 以我国地方猪种为母本, 以瘦肉型品种为父本的二元杂种猪, 最佳出栏活重为85~95kg, 以两个瘦肉型品种为父本的三元杂肉猪出栏活重为95~105kg；以培育品种猪为母本，两个瘦肉型品种猪为父本的三元杂种肉猪和瘦肉型品种猪间的杂种肉猪出栏活重为105~114kg。目前，随着选种的进步，猪的成熟期越来越晚，许多国家肉猪的最佳出栏活重已由原来的90kg推迟到114~120kg。这是猪种选育的成功，由此可减少大量的物质投入，增加了猪肉的产量。

市场供求关系的变化和产品价格也是决定肉猪上市时机的重要参考指标。目前，我国猪肉产品价格实行市场调节，国家宏观调控。在大中城市和沿海经济比较发达的地区，随着人民生活水平的提高，对鲜瘦肉的需求迫切，市场上瘦肉易销，肥瘦肉的差价较大。有些市场已将胴体分割成不同切块分级出售，背最长肌价最高，其次是大腿、前臂，最低价为软硬肋部，排骨价为背最长肌的50%，为软硬肋部的80%。市场的变化使得一些原来有养大肥猪习惯的地区基本上按肉猪最佳出栏活重出售。

三、提高猪育肥效果的对策

1. 选择优良品种，筛选适宜的杂交组合

饲养优良品种是提高养猪经济效益的关键技术之一。实践证明应选择适合当地生产条件和符合生产目标的品种和杂交组合进行饲养，以期得到最佳的经济效益。目前，我国现代化养猪生产大多饲养二元或三元的瘦肉型品种杂交猪，少数为四元的杂交猪，其中"洋三元"杂交（杜×长×大或杜×大×长杂交组合）在生产中应用较为普遍。另外，以外来的瘦肉型猪种为父本与本地良种母猪进行二元或三元杂交的"土洋杂"品种在我国仍占有相当大的比例。从肉质角度分析，"洋三元"商品猪的肉质相对较差，不能满足消费者对优质猪肉的需要；而我国地方猪种一般具有肉质优良的特点，杂种后代肉质较好, 在进行优质猪肉生产时可适当利用。

2. 合理选择原料, 配制营养平衡的日粮

日粮中各种营养物质的水平对猪的育肥性能有重要影响, 在营养水平相同的情况下, 日粮中的饲料原料组成不同也会影响猪的增重、胴体组成和肉的品质。因此, 在配合饲料时, 对原料的选择要因地制宜, 并根据品种、性别和各生理阶段的营养需要特点, 以及不同的饲养管理方式等合理配制, 为不同生理阶段的猪提供满足其生长发育所需的平衡日粮。

3. 加强卫生管理, 创造良好的环境条件

从场址选择、栏舍布局到舍内设计, 一开始就要考虑到环境对猪的影响。舍内外的卫生状况和粪污处理方式等对猪场环境影响极大。另外, 合理的密度和群体大小对保持舍内卫生也十分关键。日常生产中, 要及时清洗栏舍和周边环境, 并定期做好消毒工作, 搞好夏季的防暑降温和冬季的防寒保暖工作, 采取全进全出的饲养管理模式等, 努力创造一个干爽、卫生、舒适的环境。

4. 制定科学的饲养制度, 采取适宜的育肥方法

在进行生长育肥猪生产之前, 必须根据猪的品种、类型及生长发育规律和营养需要特点, 结合本地的饲料条件和饲养环境, 因地制宜地制定科学的饲养制度。制度一旦建立, 不要轻易变更, 尽量减少饲养过程中给猪的应激。在育肥方法方面, 现代化养猪场大多对猪群进行合理分群, 并采取"一条龙"直线育肥法进行饲养, 也可采用原窝饲养法, 以提高育肥效果。在饲喂方式方面, 采用自由采食和限制饲养相结合的方法可以充分发挥猪的生长潜力, 同时兼顾了胴体的质量, 为猪提供充足、洁净的饮水十分重要。饲料的加工调制与本场的实际相结合, 饲喂次数应随饲料形态、日粮的营养浓度, 以及猪的年龄和体重而定。在营养浓度一定的情况下, 在小猪阶段日

喂次数可适当增加，以后逐渐减少。

5. 加强母猪的管理和仔猪的培育，提高仔猪的初生重和断奶重

我国生长育肥猪平均日增重较低的原因除主要受猪的遗传因素和饲料营养水平的影响外，还与生长育肥猪起始重较小有关。一般来说，起始重大、活力较强的仔猪，育肥期增重快、饲料转化率高，发病和死亡率低，育肥效果较好。而起始重主要受仔猪初生重和断奶重的影响。仔猪初生重和断奶重大小与妊娠和哺乳仔猪的饲养管理有关。因此，生产中必须重视妊娠和哺乳母猪的饲养管理，以及仔猪的培育工作，使仔猪得到充分发育，从而提高仔猪初生重和断奶重，最终提高育肥效果。

6. 加强免疫，做好疾病的监测和预防工作

现代化养猪生产大多是高密度饲养，为猪传染病的发生和流行创造了有利条件。生产中要认真贯彻"预防为主，防重于治"的方针，制定严格的卫生防疫制度和常见传染病的免疫程序，做好定期驱虫和免疫接种工作，提高猪群健康水平，增强育肥效果。

7. 了解猪的生长状况和市场行情，适时上市

肉猪的最佳出栏活重受日增重、饲料转化率、屠宰率、胴体瘦肉率等生物学因素的影响。入栏小猪随着体重的增加，日增重先逐渐增多，到一定阶段后逐渐下降。随着体重的增加，维持营养所占比例相对增多，饲料消耗量增加，屠宰率提高，机体脂肪沉积也增多，瘦肉率下降，销售价格降低，饲养成本提高，经济效益降低。但上市体重过小，虽然饲料转化率高，节省饲料，但肉猪尚未达到经济成熟，产瘦肉量少，屠宰率低，也不经济。具体的上市时间要根据猪的生长情况和市场行情综合考虑，以获取最大的经济效益为主要目的。

生长育肥猪在养猪生产中占总饲养量的80%以上，其饲养效果

的好坏，关系到整个养猪生产的收益。因此，必须根据猪的生长发育规律，采取相应的技术措施，力求提高增重速度，降低饲料消耗，增加瘦肉产量，缩短育肥期，加速资金周转，提高经济效益。

第六章　肉猪疾病防治

第一节　猪疫病防治的基本原则

一、认真贯彻"预防为主，防重于治"的方针

按照《动物防疫法》的要求，认真贯彻"预防为主，防重于治"的方针，建立与健全疫病防治体系，克服重治轻防、只治不防的消极被动错误思想，把养猪疫病防治工作认真落实到实处，使之形成制度，坚持不懈，贯彻始终。

二、加强饲养管理

应根据猪的不同生理、生长阶段，进行科学饲养管理，以保证猪的正常发育和健康，防止营养缺乏病。同时，要搞好环境卫生，保持猪舍清洁卫生、通风良好，冬天能防寒保暖，夏天能防暑降温，这样既有利于猪的生长，又可减少疫病的发生。

三、坚持自繁自养

自繁自养可以防止从外地买猪带进疫病，减少疫病的发生。如

果条件允许,养猪场要建立较完善的繁育体系,至少应建有良种繁殖场和商品繁殖场。根据发展计划,养一定数量的母猪,解决猪源不足问题。如果进行品种调配或必须从外地引进种猪时,必须从非疫区、无疫病的猪场选购,在选购前应对猪做必要的检疫和诊断检查。购进后一般要隔离饲养一个月,经过观察无病后才能合群并圈。

四、按消毒制度进行消毒

消毒是消灭病原体,清除外界环境的传播因素,切断疫病传播途径的重要方法。平时要定期搞好猪场和猪舍环境卫生,并严格进行消毒,以减少疫病的发生。在消毒过程中,应根据不同的消毒对象选择不同的消毒药物、消毒浓度和消毒方法。选择消毒药物的原则是广谱、高效、低毒、廉价、作用快、性质稳定、使用方便。常用的消毒药有来苏尔、农福、福尔马林、过氧乙酸、火碱、生石灰、漂白粉等。消毒方法有喷洒、浸泡、熏蒸等。

五、合理进行药物预防

药物预防是猪群保健的一项重要技术措施。在饲料中适量添加一些抗菌素类药物,不仅可以抗病,而且对提高饲料利用率和猪的增重也有一定的效果。考虑到某些药物使用后会产生副作用,因此应慎重选择和使用,应严格按照国家规定的药物使用的原则、范围和剂量使用。常用的药物添加剂有杆菌肽、土霉素、泰乐菌素、林肯霉素和金霉素等。

六、按寄生虫控制程序进行驱虫

驱虫是预防和治疗寄生虫病,消灭病原寄生虫,减少或预防病原扩散的有效措施。选择驱虫药的原则是高效、低毒、广谱、低残留、价廉。常用的驱虫药有伊维菌素、阿维菌素、左旋米唑、丙硫苯咪唑等。驱虫时，要严格按照所选药物的说明书规定的剂量、给药方法和注意事项等使用。

七、按免疫程序预防接种

预防接种是防止猪传染病发生的关键措施。通过预防接种，能使机体产生特异的抵抗力，减少和控制疫病的发生。要根据当地猪的疫病流行情况，有针对性地选择免疫程序，并按免疫程序进行预防接种，做到头头注射、个个免疫，使猪保持较高的免疫水平。

八、预防中毒

中毒性疾病对养猪业也有一定的危害，应予以重视。在生产实践中，应防止亚硝酸盐中毒、发霉谷物饲料中毒、食盐中毒、棉籽饼中毒和农药中毒等。

第二节 猪疫病防治的主要措施

一、猪场消毒制度

1. 环境消毒

猪舍周围环境每2~3周用2%火碱等消毒药消毒一次。猪场周围及场内污水池、排粪沟、下水道出口，每月用漂白粉消毒一次。在大门口、猪舍入口设消毒池，消毒药物用2%火碱等消毒药，每2~3周更换1次。

2. 人员消毒

工作人员进入生产区净道和猪舍要经过洗澡、更衣、紫外线消毒（15min）。严格控制外来人员，进入生产区时必须要洗澡、更换场区工作服和工作鞋，并遵守场内防疫制度，按指定路线行走。

3. 猪舍消毒

（1）空舍消毒

每批猪调出后，按以下程序进行消毒：除粪→清扫→水洗→干燥→2%火碱等消毒液消毒→水洗→干燥→福尔马林熏蒸或火焰消毒→进猪。

（2）带猪消毒

定期进行带猪消毒，可用0.1%新洁尔灭、0.3%过氧乙酸、0.1%次氯酸钠等消毒药进行喷雾消毒，喷雾的雾滴要求50~100nm。

（3）走廊过道消毒

定期用2%火碱等消毒药进行消毒。

（4）饮水消毒

饮用水中细菌总数或大肠杆菌数超标，或可能污染病原微生物的情况下，需进行消毒，要求消毒剂对猪体无毒害，对饮欲无影响。可选用二氯异氰尿酸钠、次氯酸钠、百毒杀（季胺盐类消毒剂）等。

（5）用具消毒

食槽、水槽等用具每天进行洗刷，定期消毒，可用0.1%新洁尔灭或0.2%~0.5%过氧乙酸等消毒药进行消毒。

二、主要传染病免疫程序

养猪场应根据当地传染病发生病种及规律选用以下免疫种类

及程序。

1. 猪瘟

①母猪在每次配种前7d左右猪瘟单苗4~5头份免疫一次，避免在妊娠期免疫，以防胚胎感染。

②种公猪每年春秋各免疫一次。

③仔猪20日龄猪瘟单苗3~4头份免疫一次，60日龄猪瘟-猪丹毒-猪肺疫三联苗3头份免疫一次。对采取以上程序仍不能有效控制的猪场，可采用超前免疫，出生后立即免疫猪瘟单苗1~2头份，1个半小时后才能吃初乳。60日龄再用猪瘟-猪丹毒-猪肺疫三联苗3头份免疫一次。有条件可将猪瘟与猪丹毒-猪肺疫分开免疫。

2. 猪丹毒和猪肺疫

（1）种猪

每半年用猪丹毒和猪肺疫菌免疫接种一次。

（2）仔猪

70日龄分别用猪丹毒和猪肺疫二联苗免疫接种一次，或60日龄用猪瘟-猪丹毒-猪肺疫三联苗免疫一次。

3. 仔猪副伤寒

仔猪断奶后合群时（33~35日龄）口服或注射1头份仔猪副伤寒菌苗。

4. 仔猪大肠杆菌病（黄痢）

妊娠母猪于产前40d和15d分别用大肠杆菌腹泻三价灭活菌苗（K88、K99、987P）免疫接种一次。

5. 仔猪红痢

妊娠母猪于产前30d和产前15d，分别用红痢灭活菌苗免疫接种一次。

6. 链球菌

仔猪30~35日龄免疫一次，母猪产前1个月免疫一次。

7. 传染性胃肠炎、流行性腹泻

母猪于产前30d，仔猪于30日龄用传染性胃肠炎–流行性腹泻二联苗各免疫一次。主要适用于寒冷季节。

8. 猪喘气病

①成年猪每年春秋各接种一次。

②仔猪7日龄、21日龄各免疫一次。

③后备公母猪配种前免疫接种一次。

④灭活苗采用肌肉注射，弱毒苗需采用胸腔注射。

9. 猪传染性萎缩性鼻炎

①妊娠母猪在产仔前1个月免疫一次。

②仔猪28~30日龄注射一次。

10. 猪细小病毒病

①种公猪每年用猪细小病毒疫苗免疫接种一次。

②后备公猪、母猪配种前40d、20d各免疫接种一次，第二胎配种前再免疫一次。

11. 猪乙型脑炎

种猪、后备母猪在蚊蝇季节到来前（4~5月份），用乙型脑炎弱毒疫苗免疫接种一次。

12. 猪伪狂犬病

种公猪每隔4个月免疫一次。

母猪每次配种前免疫一次，产前30d进行二免。

仔猪断奶前后进行首免，30d后进行二免，污染较重的猪场仔猪出生3日内用基因缺失苗0.5头份滴鼻，50~60日龄进行二免。

13. 繁殖与呼吸障碍综合征

①后备种公母猪于配种前免疫两次，间隔两周。母猪于配种后

60~70d免疫一次,种公猪每年春秋季各免疫一次。

②仔猪可于30日龄免疫一次。

③对阴性猪场建议使用灭活苗,阳性猪场使用弱毒苗。

14. 口蹄疫

种公猪每年进行至少2次免疫,可于每年的7月、11月各免疫一次(冬季加强一次)。

母猪每年进行至少2次防疫,可尽量安排在母猪空怀期,即母猪每次配种前注射该疫苗,秋末冬初加强免疫一次。后备母猪应于配种前间隔30d进行二次免疫。

免疫母猪所产仔猪于65~70日龄进行首免,30d后进行二免;抗体水平较低的母猪或抗体空白母猪所产仔猪应在30~35日龄进行首免,30d后进行二免。

三、寄生虫控制程序

常见蠕虫和外寄生虫的控制程序:

①首次执行寄生虫控制程序的猪场,应首先对全场猪群进行彻底的驱虫。

②对怀孕母猪于产前1~4周内用一次抗寄生虫药。

③公猪每年至少用药2次,但对外寄生虫感染严重的猪场,每年应用药4~6次。

④所有仔猪在转群时用药一次。

⑤后备母猪在配种前用药一次。

⑥新进的猪驱虫2次(每次间隔10~14d)后,隔离饲养至少30d才能和其他猪并群。

第三节　猪的传染病

一、猪瘟

猪瘟俗称"烂肠瘟"，是一种具有高度传染性的疫病，是威胁养猪业的主要传染病之一，其特征是：急性呈败血性变化，实质器官出血、坏死和梗死；慢性呈纤维素性坏死性肠炎，后期常有副伤寒及巴氏杆菌病继发。

【病原】

猪瘟病毒为一种小核糖核酸病毒，呈球状，直径38~44nm。猪瘟病毒遍布病猪的各种组织，以淋巴结、脾脏、血液含量最高，其次是红骨髓、肝和肾等。病猪的尿粪和各种分泌物中含有多种病毒。病毒在尿及血液中和腐败尸体中能活2~3d，骨髓中能活15d。78℃的温度下能活1h，日光直射9h仍不能致死。在腌肉中能活80d。寒冷对病毒没有影响，升汞、石炭酸杀死病毒的效力不大。而1%~2%氢氧化钠、5%石灰及5%漂白粉等药液均能杀死病毒。

【症状】

在自然感染情况下潜伏期为2~10d。

1. 最急性型

突然发病，高热稽留，皮肤有紫斑与出血，经一至数天死亡或转为慢性。

2. 急性型

体温升高到40~41.5℃，高热稽留，至临死才急剧下降。病程为两周左右。病猪食欲废绝，结膜发炎，有脓性分泌物流出。病初粪便干硬如栗状，附有血液及黏液，以后出现泻痢。病猪极度衰弱，后肢无力，皮肤上出现小出血点，恶寒、喜钻褥草。

3. 慢性型

急性型经治疗或因机体抗病力强而生存下来的则往往转为慢性。体温多保持在40~41℃，早晨可降至39.5℃左右，稍有食欲，便秘、腹泻呈周期性交替发生。病猪迅速消瘦，步态不稳，抗过的小猪发育缓慢。而40kg以上的患猪病愈后对生长似乎影响不大。若发现下唇、齿龈有针刺样弥漫性出血点，或舌尖及边缘有局灶性梗死者，几乎无一存活。但皮肤出血点遍布全身或耳朵发紫、出血斑点明显者，尚有治愈的可能。

【剖检】

病期很短或突然死亡的剖检常无显著变化，仅可看到黏膜充血或小点出血，肾点状出血及淋巴结轻度肿胀。

病期稍长者，眼角有脓性分泌物，皮肤苍白，上有大小不同的出血点和出血斑，口腔黏膜有出血点，有时可见溃疡，上附灰白色或黄色的假膜。胃有出血性炎症，回盲瓣和结肠上段出现坏死或有纽扣状溃疡。脾脏边缘有红色针尖状出血点，有时有楔状梗塞。心内、外膜、喉、膀胱有小点出血。直肠黏膜、阴道黏膜有密集的小点出血或血斑。

【诊断】

1. 流行病学调查

猪瘟在流行病学上的特点是不论任何年龄、性别和品种的猪均可发病，没有季节性限制，但一般认为冬春多于夏秋。在新发生或没有免疫过的猪群中发病猛烈，其发病率与死亡率比其他任何猪的传染病都高。在没有免疫过的猪群里如果有多数猪发病，或7~8d前仅有1~2头发病或死亡,以后有很多猪感染,则应首先考虑猪瘟。

2. 临床检查

①体温升高,迅速消瘦,后躯无力,皮肤较薄处出现红斑甚至小块坏死。便秘、腹泻交替出现,便秘时粪球上带有肠黏液或血丝。脓性眼屎,口腔黏膜出现坏死结节等。有时可出现局部麻痹、运动失调等神经症状。

②用抗生素或磺胺类药物治疗无效,而用抗猪瘟血清可减轻其症状时则可初诊为猪瘟。

③刚发病的猪进行血液学检查,若白细胞总数显著减少,呈现核左移现象,则猪瘟病毒感染的可能就更为确切。

④应用荧光抗体法诊断猪瘟特异性较高,并具有实用价值。

【治疗】

1. 抗猪瘟血清

病初或紧急防疫时采用,治疗量每千克2ml;预防量减半,每日1次,连用3日。

2. 自制免疫血清或全血治疗

用防疫过的大猪,以100~200倍头份疫苗注射,15d后即可采血分离出血清,用来治疗初期的病猪。当病猪精神差、皮肤苍白时,以全血注射,可使患猪耐受性增强,抗病毒能力增大。

3. 综合治疗

①抗生素、磺胺药、解毒药联合使用:青霉素80万单位,复方氨基比林10ml,肌注,每日2次。

②中成药:牛黄解毒丸4粒、病毒灵10片、土霉素3片、人工盐40g、甘草流浸膏40ml,一次灌服,每天一次,连用2日。

③中药疗法:对慢性者,粪便干燥、寒战、喜卧、食少喜饮冷水、齿龈有红斑、体温稍高、结膜色淡、行走尚无困难,可用下方。

方一：夏枯草30g，败酱草30g，二花20g，红藤30g，生地30g，知母20g，柴胡20g，白芍20g，茜草15g，茅根40g，肉苁蓉40g，生草15g，煎水灌服，每日上、下午各灌一次，连用2～3日。

方二：川椒6g，牙皂6g，细辛6g，雄黄2g，滑石粉60g，研末灌服，每日1次，连用2日。

【预防】

①每年春秋两季进行猪瘟疫化弱毒疫苗预防注射，对遗漏猪要逐头补针。

②猪舍、用具等用2%氢氧化钠或10%石灰水或30%热草木灰水消毒。

③不要从疫区引进猪，发现本病应立即隔离、消毒并向上级有关部门报告。

二、猪传染性胃肠炎

猪传染性胃肠炎是由猪传染性胃肠炎病毒引起猪的一种高度接触性消化道传染病。以呕吐、水样腹泻和脱水为特征。

【病原学】

猪传染性胃肠炎病毒为冠状病毒科、冠状病毒属成员。本病毒能在猪肾、猪甲状腺、猪睾丸等细胞上很好增殖。对乙醚、氯仿、去氧胆酸钠、次氯酸盐、氢氧化钠、甲醛、碘、碳酸及季铵盐类化合物等敏感。不耐光照，粪便中的病毒在阳光下6h失去活性，病毒细胞培养物在紫外线照射下30min即可灭活。病毒对胆汁有抵抗力，耐酸，弱毒株在pH=3时活力不减，强毒在pH=2时仍然相当稳定。在经过乳酸发酵的肉制品里病毒仍能存活，病毒不能在腐败的组织中存活。病毒对热敏感，温度在56℃时30min能很快灭活，37℃时4d丧失毒力，但在低温下可长期保存，液氮中存放3年毒力无明显下降。

【流行病学】

传染源为发病猪、带毒猪及其他带毒动物。病毒存在于病猪和带毒猪的粪便、乳汁及鼻分泌物中，病猪康复后可长时间带毒，有的带毒期长达10周。

本病主要经消化道、呼吸道传播。感染母猪可通过乳汁排毒感染哺乳仔猪。

感染动物为猪，各种年龄的猪都易感，但以10日龄以内的仔猪发病率和病死率高。狗、猫、狐狸等可带毒排毒，但不发病。

本病发生和流行有明显的季节性，多见于冬季和初春。多呈地方性流行，新发区可暴发性流行。本病常可与产毒素大肠杆菌、猪流行性腹泻病毒或轮状病毒发生混合感染。

【临床症状】

本病潜伏期仔猪为12~24h，成年猪为2~4d。

病初仔猪呕吐，接着水样或糊状腹泻，粪便呈黄绿色或灰色，常含有未消化的凝乳块，随即脱水、消瘦，2~7d死亡。病愈仔猪生长缓慢。

育肥猪或成年猪症状较轻，表现为减食、腹泻、消瘦，有时呕吐。哺乳母猪泌乳减少，一般经3~7d恢复，很少发生死亡。

【病理变化】

本病以急性肠炎变化，从胃到直肠呈现卡他性炎症为特征。剖检可见胃肠充满凝乳块。小肠充满气体及黄绿色或灰白色泡沫样内容物，肠壁变薄，呈半透明状。绒毛肠系膜淋巴结充血、肿胀。心、肺、肾一般无明显病变。

【诊断】

1. 初步诊断

根据临床症状和病理变化可作出初步诊断，确诊需进一步做实验室诊断。

2. 实验室诊断

病料采集: 通常采集粪便或小肠。把感染的小肠两端扎住, 其内容物是分离病毒的理想样品。因病毒热敏感, 采集的所有样品都应是新鲜的或冷藏保存。

在国际贸易中, 尚无指定诊断方法, 替代诊断方法有病毒中和试验(VN)、酶联免疫吸附试验(ELISA)。

病原检查: 组织培养分离鉴定(原代或次代猪肾细胞培养, 分离物用免疫染色或用猪传染性胃肠炎病毒特异抗血清进行中和试验鉴定), 荧光抗体试验(用于检测肠组织中的病毒抗原), 酶联免疫吸附试验(可用于检测粪便的病毒抗原)。

血清学检查: 病毒中和试验、间接酶联免疫吸附试验。

【防治】

要加强猪场的检疫工作, 加强饲养管理, 定期清扫消毒。当猪群发病时, 应立即隔离, 对健康猪群进行免疫, 加强环境消毒。仔猪传染性胃肠炎尚无理想的治疗药物和免疫方法。常采用的治疗方法如下:

(1)用抗生素药物治疗。

①庆大霉素1~2mg/kg体重, 每日2次, 肌肉注射。

②链霉素400~800U/kg体重, 每日分2次口服。

③磺胺0.2~0.4g/kg体重, 每日分2次口服。

(2)呕吐、腹泻剧烈的患猪, 皮下注射阿托品2~4mg。

(3)口服补液盐。用氯化钠3.5g, 碳酸氢钠2.5g, 氯化钾1.5g, 口服葡萄糖20g, 加凉开水1 000ml, 充分溶解后喂患猪。

三、猪流行性腹泻

猪流行性腹泻又称流行性病毒性腹泻, 由猪流行性腹泻病毒引起猪的一种肠道传染病,其特征为呕吐、腹泻和脱水。

【病原】

猪流行腹泻病毒属于冠状病毒科冠状病毒属。截至目前,还没有发现本病毒有不同的血清型。本病毒对乙醚、氯仿敏感。从患病仔猪的灌肠液中浓缩和纯化的病毒不能凝集家兔、小鼠、猪、豚鼠、绵羊、牛、马、雏鸡和人的红细胞。

【流行病学】

本病仅发生于猪,各种年龄的猪都能感染发病。哺乳仔猪、生长猪、育肥猪的发病率很高,可达100%,成年母猪为10%~90%。传染源主要是病猪,病毒随粪便排出后,污染环境、饲料、饮水及用具等而感染,其途径主要经消化道,本病多发生在寒冷季节(12月~翌年2月),夏季也有发病的报道。

【临床症状】

潜伏期5~8d,人工感染12~30h。主要表现水样腹泻或在腹泻间呕吐,仔猪吃奶或吃食之后多呕吐。年龄越小,症状越重。一周龄仔猪发生腹泻后3~4d,呈现严重脱水而死亡,体温正常或稍高,精神不振、厌食、持续性腹泻。少数猪恢复后生长发育不良。育肥猪症状轻,拉稀可持续4~7d。成年猪仅发生呕吐和厌食。

【病理变化】

眼观变化仅限于小肠,小肠扩张、肠壁变薄,内充满黄色液体,肠系膜充血,肠系膜淋巴水肿,空肠段上皮细胞的空泡形成和表皮脱落,胃内有多量的黄白色凝乳块,肠绒毛萎缩。

【诊断】

流行病学和症状方面与猪传染性胃肠炎无显著差别,只是传播速度较缓慢。猪流行性腹泻多发生于寒冷季节,各种年龄均可感染。

实验室诊断:常用病原学诊断、直接免疫荧光检查、免疫电镜、间接血凝试验等诊断方法。

同类症鉴别诊断,临床常见相似症状的疾病有猪伪狂犬病、传染性胃肠炎、轮状病毒等。

【防治】

本病应用抗生素治疗无效。主要采取综合性防疫措施,加强对猪只的饲养管理,提高猪只的一般抵抗力。搞好猪舍的清洁卫生和消毒,经常清除粪便,禁止从疫区引进仔猪。猪只可用猪流行性腹泻弱毒疫苗或灭活苗进行预防接种。一旦发生本病,应取粪便进行酶联免疫吸附试验,以检出排毒的病猪,及时隔离。猪舍、用具用2%氢氧化钠或5%~10%石灰乳、漂白粉消毒,病猪在隔离条件下治疗。对病猪及时补液,让其自由饮用葡萄糖甘氨酸溶液,不能饮水的病猪,静注或腹腔内注射5%~10%糖盐水和5%碳酸氢钠溶液。

可试用下述药品治疗:

①病猪群口服盐溶液(氯化钠3.5g、氯化钾1.5g、碳酸氢钠2.5g、葡萄糖20g、水1 000ml)。

②庆大霉素每千克体重1 000~1 500U,12小时1次。

③白细胞干扰素2 000~3 000U,每天1~2次皮下注射。

④2.5%恩诺沙星注射液1ml/10kg,肌注,每天2次。

四、猪口蹄疫

口蹄疫俗称"口疮",是由口蹄疫病毒引起的一种偶蹄兽急性、发热性、接触性传染病。主要表现口腔黏膜、蹄部和乳房发生特征性水疱和溃疡。

【病原】

口蹄疫病毒属于小RNA病毒科口疮病毒属,有7个血清型〔O、A、C、Asia1(亚洲1)、SAT1(南非1)、SAT2(南非2)和SAT3(南非

3)〕,型间无交叉保护。每个血清型内有许多抗原性有差别的病毒株,相互间交叉免疫反应程度不等。口蹄疫病毒对外界环境有较强的抵抗力,在干粪中病毒可存活14d,在粪浆中可存活6个月,在尿水中存活39d。在地表面,夏季存活3d,冬季存活28d。口蹄疫病毒在动物组织、脏器和产品中存活时间较长。冷冻存放,在脾、肺、肾、肠、舌内至少存活210d。冷藏(4℃)胴体产酸能在3d内杀死病毒,但淋巴结、脊髓和大血管血凝块的酸化程度不够,如肌肉pH5.5时,附近淋巴结仍在pH6以上。病毒可在淋巴结和骨髓中存活半年以上。口蹄疫病毒对酸、碱、氧化剂和卤族消毒剂敏感,可根据实际情况进行选用。

【流行病学】

病猪是主要传染源。发病初期的病猪是最危险的传染源,痊愈的猪带毒5个月左右。空气也是一种重要的传播媒介,特点是可发生远距离、跳跃式传播。呼吸道、消化道、受伤皮肤都能感染,无明显季节性,散养猪以秋末、冬春为多发季,暴发和流行有一定周期性,每隔一两年、三五年或十年就流行一次。

【临床症状】

潜伏期1~2d,病初体温40~41℃,精神不振,食欲减退或废绝。鼻镜、唇边、母猪乳头、口腔黏膜有明显水疱,蹄痛跛行,出现局部发红、微热、敏感等症状,不久形成米粒大、蚕豆大的水疱,水疱破后表面出血形成糜烂,蹄壳脱落,患肢不能着地,卧地不起,鼻镜、母猪乳头病灶较为常见。吃奶仔猪常呈急性胃肠炎和心肌炎而突然死亡,病程稍长,可见到口腔、鼻面上有水疱和糜烂。

【病理变化】

具有诊断意义的是心肌病变,心包膜有弥散性及点状出血,心肌切面有灰白色或淡黄色斑块或条纹,形似老虎身上的斑纹,称为

"虎斑心"。心脏松软,似煮过的肉。除口腔、蹄部的水疱和烂斑外,在咽喉、气管、胃黏膜有时可发生烂斑和溃疡。

【诊断】

根据临床特征,结合流行病学一般可作出初步诊断。但在流行初期,为了与类似疾病相鉴别,或为了确定病毒型,需进行实验室诊断,取病猪的水疱皮或水疱液,送有关部门检查。

①临床诊断时应注意与猪传染性水疱病、猪水疱疹、水疱性口炎相鉴别。

②实验室诊断方法主要有补体结合反应、中和试验、琼脂扩散试验、间接血凝试验等。

【防治】

预防措施,一是每年两次高密度、高质量免疫,预防猪O型口蹄疫用我国生产的猪O型口蹄疫灭活疫苗,使用时严格按疫苗使用说明书规定方法使用。二是做好猪产地、屠宰、农贸市场和运输检疫工作,做好查原灭源工作。三是不从有病地区购进猪及其产品、饲料等。坚持自繁自养,对从外地引入的猪应严格检疫,隔离观察15d,没有问题入群饲养。当口蹄疫发生时(或怀疑发生),必须立即上报有关部门疫情,确定诊断,规划疫点、疫区和受威胁区,按"早、快、严、小"的原则及时进行封锁和监督,防止疫情蔓延。病猪及其同栏猪立即扑杀、烧毁或深埋。疫点周围及疫点内的猪紧急预防注射疫苗,对剩余饲料、饮水、病猪走过的道路、畜舍、畜产品与污染物进行全面消毒,对疫区场地用2%烧碱溶液进行彻底消毒,每隔2~3d消毒一次。疫点内最后一头病猪死亡或痊愈后14d,如再没有发现新病例,经全面消毒后方可解除封锁。

五、猪伪狂犬病

伪狂犬病又名狂痒病,是由伪狂犬病毒引起的猪和其他动物共患的一种急性传染病。其特征为发热、脑脊髓炎,成年猪常为隐性感染,可有流产、死胎和呼吸症状,新生仔猪除有神经症状外,还可侵害消化系统。

【流行病学】

本病自然发生于猪、牛、绵羊等各种动物。一年四季均可发生,但以春季和产仔旺季多发,病猪和带毒猪及鼠类是本病重要传染源。健康猪与病猪、带毒猪直接接触可感染本病。病毒由鼻分泌物、唾液、乳汁、尿中排出。马有较强抵抗力,不易感染。人也偶尔感染。易感动物可经呼吸道、破溃的皮肤、配种及病畜污染的饲料而感染。

【病原】

伪狂犬病毒属于疱疹病毒科猪疱疹病毒属,病毒粒子为圆形,直径为150~180nm,核衣壳直径为105~110nm。伪狂犬病毒是疱疹病毒科中抵抗力较强的一种。在37℃下的半衰期为7h,8℃可存活46d,对乙醚、氯仿等脂溶剂及福尔马林和紫外线照射敏感。伪狂犬病毒只有一个血清型,但不同毒株在毒力和生物学特征等方面存在差异。

【临床症状】

潜伏期3~6d,少数10d。猪的临诊表现随着年龄不同而有很大差异。成猪一般为隐性感染,若有症状也很轻微,易于恢复。有发热、精神沉郁,有些病猪呕吐、咳嗽,一般于4~8d内完全恢复。怀孕母猪有的提前,有的延迟分娩,可发生流产、木乃伊胎、死胎。有厌食、便秘、惊厥、视觉消失或结膜炎等症状,很少有死亡。新生仔猪,也有至3日龄很正常,随后眼红,闭目昏睡,体温41~41.5℃,精神沉郁,口流泡沫或流涎。有的呕吐或腹泻,粪色黄白,两耳后竖,遇响声即兴奋鸣叫,后期即使任何强度音响刺激也叫不出声,仅肌肉震颤,眼睑、嘴角水肿。后腿呈紫色,腹部有粟粒大紫色斑点,有的全身发紫。站立不稳或不能站立。有的只能后退,容易跌倒。头向后仰,角弓反张,四肢如游泳动作,肌肉痉挛性收缩,癫痫发作,间歇10~30min反复。病程4~6h,多数2~3d。20日龄以上至断奶前后的仔猪,体温41℃以上,呼吸短促,食欲减退或废绝,耳尖发紫,发病率和病死率均低于15日龄以内的仔猪。断奶前后如拉黄稀水粪便,死亡率100%。4月龄左右的猪症状有几天轻热,头、颈皮肤发红,寒战,呼吸困难,流鼻液,咳嗽,沉郁,食欲不振。有呈犬坐姿势或伏卧。有时呕吐、腹泻,有的做圆圈运动或盲目冲撞乱跑。几日内可恢复。严重者可延长半月以上,四肢僵直,尤其后肢,震颤、惊厥、行走困难。

【病理变化】

鼻腔出血性或化脓性炎症,扁桃体、喉头水肿,咽炎,并常有纤维素性坏死膜覆盖。肺水肿,上呼吸道有大量泡沫性黏液,喉黏膜点状或斑状出血,肾点状出血性炎症,胃底大面积出血,小肠黏膜充血、水肿,大肠有斑块状出血。淋巴结特别是肠系膜淋巴结和下颌淋巴结充血肿大,间有出血。脑膜充血、水肿。病程较长者,心包液、胸腹液、脑脊髓液均明显增多。肝表面有大量纤维素渗出。

【诊断】

根据病猪临床症状及流行病学分析,可作出初步诊断,确诊本病必须进行实验室检查。方法有血清中和试验、琼脂扩散试验、补体结合试验、荧光抗体试验等。

在临床诊断时应与脑炎型链球菌病、仔猪水肿病、猪沙门氏菌病、猪流行性腹泻、猪李氏杆菌病、断奶仔猪应激症、猪细小病毒病、猪繁殖障碍与呼吸综合征、猪乙型脑炎、猪布氏杆菌病、猪食盐中毒等相区别。

【防治】

本病尚无药物治疗。不要从发生过本病的地区引进病猪。消灭牧场、养猪场及环境中的鼠类，严格将猪牛分开饲养。发现病猪立即隔离，猪圈、场地、用具用2%氢氧化钠或20%石灰水进行消毒。发病猪场禁止牲畜和饲料运出。对带毒及病猪进行淘汰。培育健康幼猪、猪群，最终建立无病猪群。免疫用伪狂犬病弱毒冻干苗，乳猪第一次肌注0.5ml，断奶时再注1ml，3月以上架子猪注1ml，成猪和妊娠猪（产前1个月）注2ml，仅限于疫区和受威胁区使用。也可用伪狂犬病油剂灭活苗肌注，初生仔猪注2ml，断奶仔猪注3ml，妊娠母猪（70天）注5ml。建议治疗：金花素1 000g+磺胺间二甲氧嘧啶（SDM）1 500g+甲氧苄氨嘧啶（TMP）300g/1 000kg饲料，连用9~10d。

六、猪繁殖与呼吸综合征

猪繁殖与呼吸综合征是猪群发生以繁殖障碍和呼吸系统症状为特征的一种急性、高度传染的病毒性传染病。临床主要特征为流产，产死胎、木乃伊胎、弱胎，呼吸困难，在发病过程中会出现短暂性的两耳皮肤紫绀，故又称为蓝耳病。

【病原】

猪繁殖与呼吸综合征（PRRS）的病原体为动脉炎病毒属的成员，是一种有囊膜的单股正链RNA病毒，病毒粒子呈球形，直径为55~60nm。病毒有两个血清型，即美洲型和欧洲型，我国分离到的毒株为美洲型。病毒对酸、碱都较敏感，尤其很不耐碱，一般的消毒剂对其都有作用，但在空气中可以保持3周左右的感染力。

【传播方式】

猪繁殖与呼吸综合征的主要感染途径为呼吸道, 空气传播、接触传播、精液传播和垂直传播为主要的传播方式, 病猪、带毒猪和患病母猪所产的仔猪及被污染的环境、用具都是重要的传染源。

【症状】

各种年龄的猪发病后大多表现有呼吸困难症状, 但具体症状不尽相同。

母猪染病后, 初期出现厌食、体温升高、呼吸急促、流鼻涕等类似感冒的症状, 少部分 (2%) 感染猪四肢末端、尾、乳头、阴户和耳尖发绀, 并以耳尖发绀为最常见, 个别母猪拉稀, 后期则出现四肢瘫痪等症状, 一般持续1~3周, 最后可能因为衰竭而死亡。怀孕前期的母猪流产; 怀孕中期的母猪出现死胎、木乃伊胎, 或者产下弱胎、畸形胎; 哺乳母猪产后无乳, 乳猪多被饿死。

公猪感染后表现咳嗽、打喷嚏、精神沉郁、食欲不振、呼吸急促和运动障碍、性欲减弱、精液质量下降、射精量少。

生长育肥猪和断奶仔猪染病后, 主要表现为厌食、嗜睡、咳嗽、呼吸困难, 有些猪双眼肿胀, 出现结膜炎和腹泻, 有些断奶仔猪表现下痢、关节炎、耳朵变红、皮肤有斑点。病猪常因继发感染胸膜炎、链球菌病、喘气病而致死。如果不发生继发感染, 生长育肥猪可以康复。

哺乳期仔猪染病后, 多表现为被毛粗乱、精神不振、呼吸困难、气喘或耳朵发绀, 有的有出血倾向, 皮下有斑块, 出现关节炎、败血症等症状, 死亡率高达60%。仔猪断奶前死亡率增加, 高峰期一般持续8~12周, 而胚胎期感染病毒的, 多在出生时即死亡或生后数天死亡, 死亡率高达100%。

【剖检】

主要眼观病变是肺弥漫性间质性肺炎, 并伴有细胞浸润和卡他性肺炎、肺水肿,在腹膜及肾周围脂肪、肠系膜淋巴结、皮下脂肪和肌肉等处发生水肿。

在显微镜下观察,可见鼻黏膜上皮细胞变性,纤毛上皮消失,支气管上皮细胞变性,肺泡壁增厚,膈有巨噬细胞和淋巴细胞浸润。母猪可见脑内灶性血管炎,脑髓质可见单核淋巴细胞性血管套,动脉周围淋巴鞘的淋巴细胞减少,细胞核破裂和空泡化。

【诊断】

根据病原、传播特点、临床症状及剖检特点可作出初步诊断,但要注意与症状相似的一些病毒性传染病相鉴别,如流感、细小病毒病、流行性腹泻等。猪繁殖与呼吸综合征是病毒性传染病,确诊必须进行血清学鉴定或病毒分离鉴定。

【治疗】

如前所述,猪繁殖与呼吸综合征是病毒病,临床上没有特效药物,只能采取对症治疗的办法加以控制。

①对于体温升高的病猪,可以使用30%安乃近注射液20~30ml、地塞米松25mg、青霉素320万~480万单位、链霉素2g,一次肌注,每日2次;或者每千克体重用黄金1号0.1ml、安妥注射液0.1ml、安布注射液0.1ml,分点肌注,每天1次,连用3d。

②对于食欲不振的病猪,使用胃复安1ml/kg体重、B族维生素120ml,一次肌注,每天1次;对于食欲废绝但呼吸平稳的病猪,可以使用5%葡萄糖盐水500ml、病毒唑20ml、B族维生素10ml,加入头孢5号25~35mg/kg体重,混合静注,另外肌注维生素C 10ml。

③对于产后无乳的母猪,选用洁霉素180万单位、50%葡萄糖50~100ml静脉注射,也可注射催产素3~5支。

④对于继发支原体肺炎的仔猪,可使用壮观霉素或利高霉素15mg/kg,肌注1~2个疗程,每个疗程5d。

⑤对于继发胸膜肺炎的仔猪，可采用速解灵2mg/kg体重，每天1次，连注3d。

【预防】

1. 注射疫苗

一般情况下，种猪接种灭活苗，而育肥猪接种弱毒苗。因为母猪若在妊娠期后1/3的时间接种活苗，疫苗病毒会通过胎盘感染胎儿；而公猪接种活苗后，可能通过精液传播疫苗病毒。弱毒苗的免疫期为4个月以上，后备母猪在配种前进行两次免疫，首免在配种前两个月，间隔1个月进行二免。小猪在母源抗体消失前首免，母源抗体消失后进行二免。灭活苗安全，但免疫效果略差，基础免疫进行2次，间隔3周，每次每头肌注4ml，以后每隔5个月免疫1次，每头4ml。

2. 加强饲养管理，调整好猪的日粮

把矿物质（Fe、Ca、Zn、Se、Mn等）提高5%~10%，维生素含量提高5%~10%，其中维生素E提高100%，生物素提高50%，平衡好赖氨酸、蛋氨酸、胱氨酸、色氨酸、苏氨酸等，都能有效提高猪群的抗病力。

七、猪丹毒

猪丹毒又叫"打火印"，是猪的一种急性败血性传染病。

【病因】

由猪丹毒杆菌侵入消化道后引起，也可由皮肤伤口侵入，当健康猪吃了病猪粪、尿、血液污染的饮水、饲料后便可感染。病猪、带菌猪和未煮熟的病猪肉均为传染源。该菌对外界抵抗力强，在埋藏的尸体里能生存280d，在腌肉里能生存170d，10%漂白粉、20%石灰水、0.1%升汞能将其杀死。

【症状】

潜伏期约为7d，夏秋季多发，根据病程分为三种情况：

1. 急性型（败血型）

体温高达42℃，食欲废绝，站立不稳，有脓性结膜炎。先便秘后腹泻，有时带血丝。出现败血型症状1~2d或在病的末期，体表皮肤（如耳、颈、腹下等）出现大小和形状不一的、不整齐的红色疹块，指压褪色。最终由于心脏衰弱、呼吸困难及肺水肿而死亡。

2. 亚急性型（疹块型）

体温升高，食欲减退或废绝，便秘，呕吐。病猪背部和体侧有圆形或四方形疹块，凸出皮肤表面，有的病猪经过半个月后症状减轻可以痊愈，有的迅速死亡，也有的转为慢性型。

3. 慢性型

发生关节炎和心内膜炎，关节肿大，行动僵硬。心脏衰弱，呼吸困难，稍微运动就有可能衰竭，生长迟缓，病期达两个月至半年。

【治疗】

①肌肉注射青霉素有效，剂量按每千克体重8 000~16 000U，每天注射2次，连用数天。

②肌肉注射磺胺嘧啶钠，剂量0.07g/kg体重。

③病初抗猪丹毒血清与青霉素联合应用，疗效更好。

④病初可用下列中药方。

方一：地龙30g，石膏30g，大黄30g，元参15g，知母15g，二花20g，连壳15g，水煎，分两次胃管灌服。

方二：黄连6g，黄芩9g，大黄20g，枝子15g，连壳15g，二花20g，黄柏12g，牛蒡子25g，丹皮15g，龙胆草11g，淡豆豉12g，大青叶30g，野菊花12g，甘草6g，水煎，分两次灌服。

【预防】

①防疫注射：在疫区和受该病威胁的地区，每年在该病流行前预防注射猪丹毒氢氧化铝菌苗，每头猪皮下注射5ml，注射2周可产生免疫力。断奶后的猪免疫期可达半年，哺乳期猪由于免疫期短，可在断奶后重复注射一次。

②疫区的猪圈、场地每年应深翻一次，做到勤垫土、勤消毒。

八、猪肺疫

猪肺疫，又名猪巴氏杆菌病或猪出血性败血病，是由巴氏杆菌所引起的急性发热、败血性传染病，其特征是机体组织发生出血性炎症。本病多发生于夏秋两季，一般为散发性，有时也呈地方性流行。由于巴氏杆菌天然存在于猪的呼吸道，这种健康带菌猪和病猪是主要的传染来源。

【病原】

为多杀性巴氏杆菌，不形成芽孢，无运动性，革兰氏染色阴性。病料组织或体液涂片用瑞氏染色后镜检，菌体呈卵圆形，两端着色深，中央部分着色浅，所以又叫两极杆菌。此菌对外界的抵抗力不强，加热60℃、1%石炭酸、5%石灰乳、1%漂白粉均能在1min左右将其杀死。

【症状】

潜伏期一般为1~3d，根据本病的发展过程，可分为最急性、急性和慢性三个类型。

1. 最急性型

多发生在流行初期。体温41.5℃左右，呼吸困难，心跳加快。口鼻黏膜发紫，耳根、颈部、腹部等处出现出血性红斑。咽喉肿胀，有热痛感。病猪作犬坐姿势，常于数小时内死亡。

2. 急性型

体温升至41~42℃，一种表现为咽炎症状，狂躁不安，颈部、咽喉局部增温、发红、肿胀、坚硬，向上延伸可达到耳根，往后可达胸前。伸颈呼吸，有时发喘鸣声。

腹侧、耳根和四肢内侧可发现红斑。可视黏膜呈暗红色，一经出现呼吸困难症状，即迅速恶化。另一种急性型表现为急性胸膜肺炎症状：体温升高到41℃左右，有痉挛性干咳，呼吸困难。触诊胸部有疼痛反应。流黏脓性鼻液，咳嗽，气喘，有时可见脓性结膜炎。病程仅几天，不死亡者可转为慢性。

3. 慢性型

有持续的咳嗽，呼吸困难，逐渐消瘦，有时关节发生肿胀。常因持续下痢、衰竭而死。这种散发型慢性猪肺疫，颈部无红肿症状，死亡率很高。

【剖检】

最急性的病理变化常不明显。急性的主要呈现咽喉炎，咽喉部周围结缔组织有炎性浸润。气管、支气管内的黏液夹杂红色泡沫。皮下组织及全身淋巴结出血，断面呈红色。喉、气管、支气管黏膜有出血点。肺有出血斑点，有的还可见有急性肺水肿伴以小叶结缔组织浆液性浸润。心包膜、心内外膜有出血点。脾亦见出血点，但不肿大。皮肤有出血斑点。慢性猪肺疫颈部不肿胀，以肺脏变化为显著，呈现水肿，气管有出血斑点，可见纤维素性胸膜炎病变，肺局部出现红色和灰色病变，切面呈大理石状，胸膜常有纤维素状附着物。胸腔及心包有时积液，脾、肝有时肿大。

【治疗】

①抗生素如青霉素、链霉素、卡那霉素等可选用。若与复方氨基比林、安痛定注射液同时应用，效果较好。

②磺胺类药物对急性猪肺疫有一定疗效, 对慢性猪肺疫效果稍差些, 常与TMP配合使用。

③新砷凡纳明(914)也可应用, 50kg的猪每次0.5~1.0g, 用生理盐水稀释后静注, 必要时3d后再重复一次。

④血清疗法: 用抗出败血清, 按0.4~0.6ml/kg体重的剂量皮下或肌肉注射。每日一次, 连用2~3次。

⑤中药治疗。

处方一: 射干20g、豆根20g、二花20g、玄参15g、桔梗15g、芒硝50g、生草10g, 煎汤, 一次灌服。

处方二: 黄连15g、龙胆草20g、大青叶30g、茅根30g、竹叶20g、地龙20条(研末)、滑石粉30g, 煎汤, 一次灌服。

【预防】

①疫苗注射: 每年春秋两季用猪肺疫氢氧化铝甲醛菌苗, 股内侧皮下注射5ml, 14d后产生免疫力, 免疫期半年以上。或用猪肺疫口服弱毒菌苗, 按瓶签要求应用, 7d即可产生免疫力。

②发现病猪及时隔离、消毒。同舍猪用血清紧急预防, 3周后注射菌苗。

九、猪副伤寒

猪副伤寒是由沙门氏杆菌属的猪霍乱杆菌、猪伤寒杆菌等所引起仔猪的一种条件性传染病, 亦称沙门氏杆菌病。急性者呈现败血症, 慢性者呈现坏死性肠炎, 一年四季都可发生。多发生于2~4月龄小猪, 半岁以上的猪很少发生。健康猪常有带菌现象, 病猪和带菌猪是主要传染源。本病主要由消化道感染。

【病原】

病原为猪霍乱沙门氏杆菌、猪伤寒沙门氏杆菌或鼠伤寒沙门氏杆菌等。革兰氏染色阴性，致病菌不产生芽孢，无荚膜。对干燥、腐败和阳光等因素具有一定的抵抗力，在自然状态下可以生存数周或数月，60℃时1h、75℃时5min死亡，一般消毒药可迅速将其杀死。

【症状】

潜伏期长短不一，可从3d到1个月。本病可分为急性型和慢性型两种，一般以慢性型较多。

1. 急性型

来势迅猛，症状很像猪瘟。开始时体温上升到41~42℃，停食，不愿行动，精神沉郁，腹部收缩，拱背下痢，粪便很臭。2~3d后体温稍有下降，肛门、尾巴、后腿被混有血液的粪便污染。有时伴有咳嗽和呼吸困难。由于心脏衰弱，皮肤（特别是耳尖、四肢、胸腹等处）变成暗红色。

2. 慢性型

病初由减食到不食，粪便呈黄褐色、淡黄色、淡绿色不等，有恶臭。腹泻日久，病猪排粪失禁，粪内混有血液和假膜。开始1~3d有高热，以后呈弛张热，有些病例体温不升高。皮肤，特别是胸、腹部常有湿疹状丘疹，被毛蓬乱、粗糙、失去光泽，皮肤暗紫色，特别以耳尖、耳根、四肢较明显。腰背拱起，后腿软弱无力，叫声嘶哑。强迫行走时，则东倒西歪。末期往往极度衰竭而死，病程可延长到2~3周。

【剖检】

急性的大肠黏膜充血，有出血点，肠系膜淋巴结肿大，脾肿大，肝、脾、肾等实质脏器有粟粒大坏死灶。慢性的大肠黏膜增厚，有浅平溃疡和坏死灶，肠黏膜附着灰白色或暗褐色假膜，形如糠麸。

【诊断】

本病主要发生于6个月龄以下的猪。流行经过缓慢，多发生于饲养管理不良的猪场。临床特点是顽固性下痢和消瘦。结合剖检时肠道病变可作出诊断。

【治疗】

应在改变饲养管理方式的基础上及早进行治疗,剂量要足,疗程要长,一般要4~10d,如中途停药容易复发。

①土霉素、氯霉素、卡那霉素较为常用,土霉素30~10mg/kg体重,卡那霉素每千克体重3万~5万单位。

②呋喃唑酮亦有一定疗效,口服每次20~40mg/kg体重,每日2次,连用3~5d。

③磺胺二甲嘧啶、磺胺六甲氧嘧啶和磺胺脒等也有一定疗效,剂量每日0.2g/kg体重,分2次口服,连用一周。

④大蒜泥或40%的大蒜酊10~20ml,灌服,每日2~3次,连续数日。

⑤中药方:苦参30g、黄芩20g、白芍20g、丹皮20g、二花10g、白头翁15g、生草10g,水煎,分2次灌服。拉稀重者加米壳10g、柯子20g;排脓血者再加生地20g、茜草20g、小蓟20g。

⑥对症治疗也是很重要的一个环节,如强心、补液、给予维生素制剂等。补液时,如静脉注射有困难,可通过腹腔注射给药。

【预防】

加强饲养管理,对常发本病的猪群可考虑注射猪副伤寒菌苗。饲料中添加土霉素等有一定预防作用。

十、猪喘气病

猪喘气病,又称猪地方流行性肺炎,曾被误称作"病毒性肺炎"。随后确定病原为猪肺炎霉形体,故又称作"猪霉形体性肺炎"。

【病原】

病原体为猪肺炎霉形体,因无细胞壁,故形态多种多样。病原体对外界抵抗力不强，病肺置于室温中36h即失去致病力，一般消毒剂均能将其杀死。

【流行病学】

1~2月龄和断奶小猪容易感染，死亡率高。病猪和带菌猪是主要的传染来源。传播途径为呼吸道的飞沫传染。饲养管理条件的好坏直接关系到该病的发生和发展，不良的气候条件也可以使猪的抵抗力减弱，病情加剧，所以在冬春寒冷潮湿季节发病比较严重。

【症状】

自然接触感染的潜伏期大约为15d，一般为慢性经过，病初症状不明显，中期喘气、咳嗽，后期则呼吸困难、食欲废绝、粪便或干或稀、体瘦、喜卧。该病呈急性经过者，一般为7~15d，转为慢性时可拖延2~3个月，甚至半年以上。

【剖检】

急性死亡的猪，有肺水肿、肺气肿表现。在肺的心叶、尖叶、中间叶出现融合性支气管炎变化。病变部颜色为淡红或灰红色，半透明状，与周围界限明显，像鲜嫩的肌肉样，俗称"肉变"。随着病程延长，半透明状的程度减轻，坚韧度增加，俗称"胰变"或"虾肉样变"。肺门淋巴结肿大，呈灰白色。继发细菌感染时，肺与胸膜有纤维蛋白性、化脓性及坏死性变化。

【治疗】

采用对症疗法，促进炎症产物的吸收，防止继发性感染。

①金霉素每日25~50mg/kg体重，连服7d，疗效尚可。

②土霉素0.04g/kg，肌注，连用数天。

③新砷凡纳明（914），每次0.01g/kg，溶解后静注。疗效较好，但应注意，剂量过大可引起中毒。

④猪喘平，每千克体重2万~4万单位，肌注。

⑤卡那霉素,每千克体重2万~4万单位,肌注,体温高者可配合安痛定注射。

【预防】

截至目前还没有找到预防猪喘气病的人工免疫法,因而只有切实做好以下几方面工作。

①及时隔离和消毒:本病主要是通过呼吸道飞沫传染,病原体排出体外存活时间不长,只要实行健康猪和病猪隔离、自繁自养,通常可以控制本病。因此应该仔细检查猪群,若发现有咳嗽、气喘者,及时隔离。猪圈用草木灰水、10%石灰水、5%烧碱水消毒。

②改善饲养管理,猪圈应保持温暖、清洁干燥,不要拥挤。

十一、猪链球菌病

猪链球菌病是由链球菌引起的一种人畜共患病。病原体分若干型,其中C型引起猪急性败血性链球菌病,E型引起猪化脓性淋巴结肿。

【病原】

猪溶血性链球菌是一种革兰氏阳性菌,不运动,不形成芽孢,通常呈球形或稍扁平,在血液、组织及培养物中呈单个或双球形,菌体相连呈链状。常以共栖菌或致病菌的方式存在于大多数哺乳动物的体表。在我国广泛传播的猪溶血性链球菌常引起猪的败血性脑膜炎和关节炎。

【流行病学】

该菌可通过多种途径感染猪。各种年龄、各个品种的猪都可感染猪链球菌而患病,病猪及死猪的尸体是本病传播的主要来源,病愈带菌猪也可传播本病。病猪的排泄物、病死猪从天然孔流出的带菌血液、在处理过程中的污物污水均可造成环境污染和疾病传播。

【剖检】

颈下、腹下、四肢等区域可见到皮肤有紫红色片状或斑点状出血，死尸皮肤发红，急性死亡猪鼻腔有血液流出，或从其他天然孔流出暗红色凝固不良的血液；全身淋巴结充血，体积明显增大；右心室扩张，心耳、冠状沟及左心室内膜有出血斑点；脾、肾均充血、出血，体积增大；喉头、气管和支气管黏膜充血，多充满泡沫；肺充血，切面有大量的红色泡沫及血液流出；肝呈暗红色，肿大，切开流出暗红色血液；四肢关节发生浆液性纤维素性炎症；关节腔滑膜充血、粗糙，腔中滑液变浊，常伴有黄白色乳酪样块状物，严重时关节周围肌肉组织化脓或坏死。

【症状】

该病病程为2~8d，如不及时治疗，死亡率可达70%~80%。最急性型体温升高到41~42℃，卧地不起，呼吸急迫，很快死于败血症。急性病例的病程长一些，体温42~43℃，精神沉郁、厌食、头低垂、病猪喜欢喝水、眼结膜充血潮红、流泪、呼吸急促、心跳加快到130次/min以上、病猪迅速消瘦、极度衰竭。临死前出现明显的神经症状，如共济失调、麻痹、四肢做划水动作、颈部强直、角弓反张、震颤、全身出血，死亡时从天然孔流出暗红色血液。慢性的病猪呈现一肢或四肢关节炎，关节肿大，触之有明显的疼痛感，站立困难，终因极度衰竭瘫痪麻痹而死。病程可拖到1个月以上。

【诊断】

①早期诊断必须结合当地的流行病学、病理解剖学及细菌学分离鉴定来确诊。

②通过药物治疗来辅助诊断。

③细菌分离鉴定确诊：无菌采集死猪的心脏、血、肝、脾等样品，划线接种于血液琼脂平板上，培养24~48h，在划线上可见到呈

灰白色、有光泽、半透明、湿润黏稠的菌落, 在菌落周围可见到明显的β溶血。血清学诊断可采用沉淀反应, 这只对慢性猪链球菌病有诊断意义。

【治疗】

临床首选是青霉素, 按15 000~20 000U/kg体重肌肉注射, 4h后以同样的剂量再注射1次, 病猪体温很快下降, 食欲恢复正常, 即使已出现跛行的病猪, 也可完全康复。如同时注射链霉素, 则效果更好。采用磺胺类药物治疗, 也可收到明显效果。对猪链球菌有较好抑制作用的药物分别是青霉素、链霉素、金霉素、四环素、磺胺噻唑钠。中药治疗可用: 野菊花25g, 忍冬藤30g, 紫花地丁、夏枯草、七叶一枝花各20g, 研末灌服。

【预防】

目前国内用于此病预防接种的疫苗有两类, 一类是氢氧化铝苗, 另一类是活的弱毒疫苗。

十二、猪附红细胞体病

猪附红细胞体病是由猪附红细胞体 (又名红细胞孢子虫) 寄生于细胞和血浆中而引起的一种原虫病。主要引起猪 (特别是仔猪) 高热、贫血、黄疸和全身发红, 猪感染可引起死亡。

【虫体特征】

附红细胞体大小直径约1μm, 平均长0.8μm, 最大2.5μm。呈环形、月牙形、逗点状和球形不等, 虫体呈淡蓝色, 中间核为紫红色, 虫体多依附着在红细胞表面, 少数游离于血浆中。微小附红细胞体直径0.5μm, 多在红细胞内, 血浆中则见不到。

【流行病学】

属人畜共患病, 本病多发于7~9月, 但有的地区11月也发生, 有的地区阳性率达30%以上。气候干旱少发生,病猪是主要传染源,吸血昆虫及污染的针头、器械为主要传播途径,不同年龄猪均可感染,1月龄左右的仔猪病死率高。本病一般呈隐性感染,无明显临床症状,多在应激时发病。调查资料表明,猪附红细胞体病感染率高达90%以上,暴发猪附红细胞体病的猪场猪死亡率达80%以上,呈地方性流行。

【临床症状】

潜伏期6~10d,体温39.5~42℃,怕冷,呈稽留热,食欲减退或废绝,战抖,转圈或不愿站立,离群卧地。粪便初期干或呈球状,附有黏液和血液,粪便呈黑褐色,有时便秘、下痢交替。病猪叫声嘶哑、气喘、呼吸困难,有的呈犬坐,张口呼吸,鼻有分泌物,心搏加快,可视黏膜初期充血,后期苍白,轻度黄疸,尿呈黄色。全身皮肤红紫,以耳下、颈下、腹下、鼻镜、腹股沟、四肢先发红,后出现不规则紫斑,边缘界限不明显,指压不褪色;后变为青紫色,界限不明显;耳发绀、变干,边缘向上卷起;血液稀薄,采血后流血持久不止,后期血液黏稠,呈紫褐色;有的全身发痒,乱蹭,部分公猪尿鞘积尿,生长缓慢,营养不良。

【病理变化】

尸僵不全,全身皮肤黄染,且有大小不等的紫色出血点或出血斑,四肢末梢、耳尖、腹下、股内侧皮肤出现紫红色斑块。全身脂肪显著黄染,血液稀薄、色淡、凝固不良,在腹部、胸部、气管两侧皮下结缔组织呈胶冻样水肿,腹腔、胸腔有大量淡黄色积水,肺、气管水肿。肝肿大呈土黄色或棕黄色,质脆,并有出血点或坏死点,有的表面凹凸不平,有黄色条纹坏死区。胆囊肿大,内充满绿色黏稠胆汁。胸前、腹股沟、肠系膜淋巴结水肿,切面多汁,呈淡灰褐色,颌下淋巴结呈灰白色。心脏苍白较软,心房有散在出血点,心包有淡红色液体。脾肿大，质软脆，表面有暗红色出血点，有的萎缩，呈灰白色，边缘不整齐，肾肿大，浑浊，贫血严重，肾盂黄色胶冻样，膀胱贫血有出血点。

【诊断】

根据临床特有症状，排除与该病症状相似的疾病，如猪肺疫、猪李氏杆菌病、猪弓形虫病、猪瘟、猪焦虫病、猪传染性胸膜肺炎等病，从病猪的耳尖采血涂片检查和病理剖检进行确诊。

【防治】

加强猪场卫生措施，避免圈舍潮湿、采光差、通风不良等因素。在免疫及治疗时应一猪一针头，对所用器械严格消毒。杜绝不良应激因素，加强种猪管理，对阳性猪及时淘汰。该病阳性猪呈隐性感染，所以养殖场、户应对猪进出严格检查、检验。驱除蜱、虱、蚤等吸血昆虫，隔离节肢动物与猪群接触。在治疗时以杀灭虫体为主，对重症者采取对症疗法。

①每1 000kg饲料添加金花素1 000g、盐酸土霉素800g、阿散酸150g混合饲喂，连用9~10d，用于猪附红细胞体感染的控制净化。

②分点肌肉注射贝尼尔4mg/kg体重，对严重的病猪间隔48h重复注射一次；或0.9生理盐水10ml稀释，加入10%葡萄糖100~300ml，再加维生素C 2~4ml静注。

③黄色素3mg/kg体重，静脉注射。

④盐酸四环素25mg/kg体重，口服。

⑤阿卡普林2mg/kg体重，皮下注射。

十三、仔猪黄痢

仔猪黄痢，又称早发性大肠杆菌病，是由一定血清型的大肠杆菌引起的初生仔猪的一种急性、致死性传染病。主要症状以排出黄色稀粪和急性死亡为特征。剖检有肠炎和败血症变化,有的无明显病变。

本病在我国较多地区和猪场都有发生,常见的有O8:K88、K99,O60:K88,O138:K81,O139:K82,O141:K88、K85,O45,O115,O147,O101,O149等血清型,这些菌株大多数能形成肠毒素,可以引起仔猪发病和死亡。

【流行特点】

本病多发于炎夏和寒冬潮湿多雨季节,春、秋温暖季节发病少。1日龄内的仔猪最易感染发病,一般在生后3d左右发病,最迟不超过7d。初产母猪所产仔猪发病最为严重,经产母猪所产仔猪较轻。猪场卫生条件不好、新生仔猪初乳吃得不够或母猪乳汁不足及产房温度不足、仔猪受凉,都会加剧本病的发生。

【症状】

潜伏期最短的为8~10h,一般在24h左右。有时窝中几头发病,常见整窝猪全部发病。最初为突然拉稀,排出稀薄如水样粪便,灰黄色,有腥臭味,随后拉稀愈加严重,数分钟即拉一次水样粪便。病猪严重脱水,体重迅速下降,可下降30%~40%,精神沉郁、迟钝,眼睛无光,皮肤蓝灰色、质地干燥,最后昏迷死亡。

【剖检变化】

主要病变是胃肠卡他性炎症,表现为肠黏膜肿胀、充血或出血,胃黏膜红肿,肠膜淋巴结充血肿大,切面多汁,心、肝、肾有变性,重者有出血点。

【诊断】

细菌分离与鉴定,取新鲜死猪小肠前段内容物,接种于麦康培养基上,挑取红色菌落作溶血试验和生化试验,或用大肠杆菌因子血清鉴定血清型。

【防治】

①开始发病时，立即对全窝仔猪给药，常用药物有氯霉素、痢特灵、金霉素、新霉素、磺胺甲基嘧啶等。由于细菌易产生抗药性，最好先分离出大肠杆菌作纸片药敏试验，以选出最敏感的治疗药品用于治疗，方能收到好的疗效。

②平时做好圈舍及环境的卫生及消毒工作，做好产房及母猪的清洁卫生和护理工作。

③常发地区，可用大肠杆菌腹泻K88、K99、987P三价灭活菌苗，或大肠杆菌K88、K99双价基因工程苗给产前一个月怀孕母猪注射，以通过母乳获得被动保护，防止发病。

④国内有的猪场，在仔猪出生后即全窝用抗菌药物口服，连用3d，以防止发病；也有采用本场淘汰母猪的全血或血清，给初生仔猪口服或注射进行预防的，有一定效果。

十四、仔猪红痢

猪梭菌性肠炎，又称仔猪传染性坏死性肠炎，俗称"仔猪红痢"，多是由C型魏氏杆菌所引起的高度致死性肠毒败血病，主要发生于3日龄以内的新生仔猪。其特征是排红色粪便，小肠黏膜出血、坏死，病程短，病死率高。在卫生条件不良的猪场发病较多，危害较大。

【流行特点】

本病发生于1周龄左右的仔猪，以1~3d的新生仔猪最多见，偶尔可在2~4周龄及断奶仔猪中见到。带菌猪是本病的主要传染源，消化道侵入是本病最常见的传播途径。

【临诊症状】

本病的病程长短差别很大，症状不尽相同，一般根据病程和症状不同而将之分为最急性、急性、亚急性和慢性型。

1. 最急性型

发病很快,病程很短,通常于初生后一天内发病,症状多不明显或排血便,乳猪后躯或全身沾满血样粪便,病猪虚弱,很快变为濒死状态,病猪常于发病的当天或第二天死亡;少数病猪没有下血痢便昏倒而死亡。

2. 急性型

病猪出现较典型的腹泻症状,是最常见的病型。病猪在整个发病过程中大多排出含有灰色组织碎片的浅红色或褐色水样粪便,很快脱水和虚脱,病程多为2d,一般于发病后的第三天死亡。

3. 亚急性型

病初,病猪食欲减退,精神沉郁,开始排黄色软粪;继之,病猪持续腹泻,粪便呈淘米水样,含有灰色坏死组织碎片;很快,病猪明显脱水,逐渐消瘦,衰竭,多于5~7d死亡。

4. 慢性型

病猪呈间歇性或持续性下痢,排灰色黏液便;病程十几天,生长很缓慢,最后死亡或被淘汰。

【病理变化】

小肠特别是空肠黏膜红肿,有出血性或坏死性炎症,肠内容物呈红褐色并混杂小气泡,肠壁黏膜下层、肌层及肠系膜有灰色成串的小气泡,肠系膜淋巴结肿大或出血。

【诊断】

确诊可进行病原分离与鉴定,诊断本病时应与猪传染性胃肠炎、猪流行性腹泻、仔猪黄白痢等相鉴别。

【防治】

1. 预防

C型魏氏梭菌灭活菌苗10ml,母猪产前一个月和半个月分别肌肉注射1次。

2. 治疗

磺胺嘧啶0.2~0.8g、三甲氧苄氨嘧啶40~160mg、活性炭0.5~1g,混匀一次喂服,每日2~3次。链霉素粉1g、胃蛋白酶3g,混合均匀喂服5只仔猪,每日1~2次,连用2~3d。

十五、猪水肿病

猪水肿病,又称大肠杆菌毒血症、浮肿病、胃水肿。是小猪一种急性、致死性的疾病,其特征为胃壁和其他某些部位发生水肿。常见的病原菌有O2、O8、O138、O139、O141等群。

【流行病学】

本病主要发生于断乳仔猪,小至数日龄,大至4月龄都有发生。生长快、体况健壮的仔猪最为常见,瘦小仔猪较少发生。带菌母猪传播给仔猪,呈地方性流行,常限于某些猪场和某些窝的仔猪。饲料、饲养方法改变,饲料单纯,气候变化及被污染水、环境、用具等均可增加本病的发生和症状的加重。本病一年四季均可发生,但多见于春秋季。如初生得过黄痢的仔猪,一般不发生本病。

【临床症状】

病猪突然发病,精神沉郁,食欲减退,口流白沫,体温无明显变化,病前1~2d有轻度腹泻,后便秘。心跳疾速,呼吸初快而浅,后来慢而深。喜卧地,肌肉震颤,不时抽搐,四肢呈游泳状,呻吟,站立时拱腰,发抖。前肢如发生麻痹,则站立不稳;后肢麻痹,则不能站立。行走时四肢无力,共济失调,步态摇摆不稳,盲目前进或作圆圈运动。水肿是本病的特殊症状,常见于脸部、眼睑、结膜、齿龈、颈部、腹部的皮下;有的病猪没有水肿的变化。病程短的仅仅数小时,一般为1~2d,也有长达7d以上的。病死率约90%。

【病理变化】

特征性的病变是胃壁、结肠肠系膜、眼睑、脸部及颌下淋巴结水肿。胃内充满食物,黏膜潮红,有时出血,胃底区黏膜下有厚层的透明水肿,有时带血的胶冻样水肿浸润,使黏膜与肌层分离,水肿严重的可达2~3cm,严重的可波及喷门区和幽门区。大肠系膜、胆囊、喉头、直肠周围也常有水肿,淋巴结水肿、充血、出血,心包和胸腹腔有较多积液,如暴露在空气中则凝成胶冻状。肾包膜水肿,膀胱黏膜轻度出血,常见出血性肠炎变化。

【诊断】

根据流行病学和特殊的临床症状、病理变化可初步确诊。确诊用肠内容物可分离到病原性大肠杆菌,鉴定其血清型后,可以得出诊断。临床上应与硒、维生素B_1缺乏症等疾病相区别。

【防治】

目前对本病尚无特异的有效疗法,预防本病关键在于改善饲养管理,饲料营养要全面,蛋白质不能过高。药物治疗早期效果好,后期一般无效。在没有本病的地区,不要在有病地区购进新猪,邻近猪场发生本病,应做好卫生防疫工作。在有本病的猪群内,对断乳仔猪在饲料中添加适宜的抗菌药物。切忌突然断乳和更换饲料,断乳时防止突然改变饲养条件,断乳后的仔猪不要饲喂过饱。猪舍清洁、干燥、卫生,定期冲洗消毒。

仔猪断奶前7~10d用猪水肿多价浓缩灭活菌苗肌注1~2ml,可预防本病发生。

①恩诺沙星4~6ml肌注,每日2次,连用3d;0.1%亚硒酸钠3~4ml,肌肉注射,病重5~6d重复注射1次。

②口服或肌注头孢止痢0.1~0.15mg/kg体重,不可超过大剂量,也不必与其他药配合应用。

③氯霉素或硫酸卡那霉素25mg/kg体重肌注，一日2次，连用3d。剂量准确，不可超量。5%葡萄糖200ml静脉注射。

④20%磺胺嘧啶钠10ml或6-甲氧磺胺嘧啶10ml肌肉注射，每天2次，连用3~5d；5%氯化钙和4%乌洛托品各5ml混合静注。

⑤庆大霉素5ml、地塞米松100~200ml分点注射，连用2~3次。

⑥口服利尿素1mg/kg体重或用速尿1~3ml肌注。

⑦庆大霉素或小诺霉素及维生素B_{12}，肌肉注射，12h一次。

第四节　猪的寄生虫病

一、猪胃肠道寄生虫

常见猪的胃肠道寄生虫有下列几种：棘头虫、类圆虫、蛔虫寄生于小肠，鞭虫寄生于猪的盲肠，结节虫、猪大肠线虫寄生于猪的大肠内，颚口线虫、猪螺咽胃虫、有齿螺回虫和六翼泡首线虫寄生在胃中。

【症状】

异嗜，食欲减退，常有呕吐，发育不良，被毛粗乱，消瘦拉稀，腹痛，有时粪中带血，可视黏膜淡白，严重者可因衰弱而死亡。

1. 蛔虫病

猪蛔虫病是蛔虫科的猪蛔虫寄生在猪的小肠中引起的。对6月龄以内的猪危害最大。猪蛔虫体长而圆，像蚯蚓，表皮光滑，头尾两端较细，但头端较尖，有口唇三片，唇上有细小的牙。雄虫长12~25cm，雌虫长20~40cm。虫卵呈椭圆形，呈黄褐色或灰色，卵壳

221

由四层膜构成,外面的一层厚而粗糙,凹凸不平,被胆汁染成黄色。

【治疗】

①精制敌百虫,0.1~0.12g/kg体重,大猪每头最大量不超过7.0g。个别猪服药后,可能会出现流涎、呕吐、肌肉战栗、不安及后肢无力等反应,但不久即可恢复。较重者可皮下注射0.1%硫酸阿托品2~5ml进行解救。对怀孕母猪最好不用敌百虫驱虫,以免引起流产。

②丙硫苯咪唑,5~10mg/kg体重。

③左旋咪唑,5~10mg/kg体重。

④磷酸呱吡嗪,0.3g/kg体重。

2. 类圆线虫病

这种线虫在养猪地区普遍存在,主要寄生在1月龄左右的仔猪体内,2月龄以后的小猪逐渐减少。虫体较小,长3.5~4.5mm。

【治疗】

①左旋咪唑,10mg/kg体重,一次混入饲料中给予。

②龙胆紫,每头一次给予0.1~0.3g,有良好效果。

3. 棘头虫病

虫体呈灰白色,前端稍粗大,后端较细,有明显的环状皱纹,在头端的吻突上,有向后弯曲的钩。雄虫长7~15cm,雌虫长30~68cm。

【治疗】

左旋咪唑,15mg/kg体重,一次内服。

4. 鞭虫病

猪鞭虫虫体很明显地分成两部分,头部细而长,尾部粗而短,虫体外观很像鞭子。雄虫尾端呈大螺旋状蜷曲,体长40~50mm。雌虫尾直,末端呈圆形,体长40~50mm。

【治疗】

敌百虫和丙硫苯咪唑均有效。

5. 结节虫及猪大肠线虫

有齿结节虫为小型白色或灰棕色不透明的线状蠕虫,雄虫体长8~9mm。猪大肠线虫,雄虫体长9~12mm,雌虫体长11~13.5mm。

【治疗】

左旋咪唑,硫化二苯胺,敌百虫,0.5%福尔马林500~1 000ml深部灌肠,0.1%碘溶液1 000ml深部灌肠,丙硫苯咪唑等均可选用。

6. 毛样圆线虫病

猪毛样圆线虫,虫体细小,呈淡红色或鲜红色,头部略膨大,体有40~45条纵纹。雄虫长4~7mm,雌虫长8~10mm。

【治疗】

二硫化碳驱除本虫有良好的效果,剂量0.1~0.2ml/kg体重,胃管灌服。

7. 颚口线虫病

猪的颚口线虫病是由钢刺颚口线虫寄生在胃中所引起。钢刺颚口线虫是一种较粗大的圆形线虫,全身有细刺,头部凸出呈球形,其后部与体部之间有一沟。虫体前部略粗,向尾部逐渐变细。雄虫长15~25mm,雌虫长25~45mm。

【治疗】

丙硫苯咪唑,10~20mg/kg体重,一次内服。

二、猪囊尾蚴病

猪囊尾蚴病是由人的有钩绦虫的幼虫(猪囊尾蚴)寄生在猪身体内引起的一种寄生虫病。猪囊尾蚴主要寄生于肌肉组织内,例如心肌、咬肌、颈肌、臀肌、腰肌和其他肌肉内,有时也见于大脑,较少见于实质器官。

【病原】

有钩绦虫寄生在人的小肠中。成虫长1.5~6mm，由800~900个节片组成，头呈球形，头上有吸盘与小钩。成熟节片脱落随粪便排出，被猪吞食后，六钩蚴逸出并钻入肠壁，经血流到达猪体各部组织中，经8~10周发育为幼虫（囊尾蚴）。猪囊尾蚴为半透明的囊泡，内充满液体，囊壁上有一个白色米粒样头节。人吃了有囊尾蚴的未煮熟的猪肉，幼虫到十二指肠后，发育为成虫。

【症状】

患猪通常不表现明显的临床症状，只有在屠宰以后做肉品检验时才能发现存在幼虫。当猪患广泛性囊虫病时，表现为发育不良，运动、呼吸和吃食发生困难，血液循环发生障碍。

【治疗】

该病目前还没有理想的治疗措施，可试用吡喹酮，30mg/kg体重，一次内服，连用3d。

【预防】

关键在于做到科学饲养管理，实行圈养圈喂，避免猪吃人粪，人粪必须经过发酵处理后才能作为肥料使用；加强兽医卫生检验工作，禁止出售病猪肉；对于患者（即身体内寄生有钩绦虫的病人）及时进行治疗。

三、猪疥癣

猪疥癣病是由猪疥螨虫在猪的皮肤里钻掘"隧道"而使皮肤发炎、发痒，被毛无光、脱落的一种慢性寄生虫病。轻者食欲减退，生长缓慢，严重的可引起消化紊乱，衰竭死亡。

【病原】

猪疥螨虫是一种像蜘蛛样的小寄生虫,呈灰白色或略带黄色,肉眼不易看到,用放大镜或低倍显微镜就可观察到虫体。雄虫长0.22~0.33mm,宽0.126~0.24mm;雌虫长0.33~0.50mm,宽0.28~0.35mm。

猪疥螨虫寄生于猪皮内,在表皮角质层内挖掘一条与皮肤表面平行而弯曲的隧道。每条虫在隧道有若干个通气孔,作为幼虫外出的孔道。成熟雌虫在隧道中产卵,卵经3~4d孵化为幼虫,经2~3d变成稚虫,再经3~4d变成成虫。

【症状】

猪疥癣多发生于幼猪,成年猪也感染本病。患部皮肤发红,出现剧烈的奇痒,经常在墙角、柱栅等粗糙处摩擦或以肢搔痒。数日后患部皮肤出现针尖大小的小结节,随后形成水疱或脓疱。破溃后由渗出液淤结成痂皮,体毛脱落,皮肤粗糙肥厚或成皱褶。

【诊断】

①用凸刃刀刀蘸些植物油或煤油,在患部边缘轻轻地将疥屑刮至出血为止。将后来刮下的湿润白色皮屑放在一块预先用油灯烟熏黑的玻璃上,再将玻璃在灯上微微加热,细心观察,可看到玻璃上有很小的灰白点在颤动,这就是活的疥螨虫在活动。

②将上法刮取的皮屑加适量的5%甘油水溶液,放在载玻片上,用低倍显微镜观察虫体。

【治疗】

患部面积过大,在药物毒性较强的情况下,应进行患部划区治疗,隔2~3d轮治一次,以免药物中毒。由于虫卵一时难以杀灭,故应间隔数日,待卵发育为幼虫、稚虫后进行第二次治疗。治疗工作应选择天气晴朗时进行。

①烟叶1份，水20份，混合煮半小时，取液涂洗猪体。

②硫黄30g、雄黄15g、枯矾45g、花椒24g、蛇床子24g，共研为末，调油涂擦皮肤。

③0.5%~1.0%敌百虫水溶液直接涂擦或用喷雾器喷洒患部。

第五节　猪普通病

一、便秘

【病因】

长期饲喂粉碎不好的粗硬饲料，饮水不足，饲料中混有泥沙，饥饱不均，长期缺乏青饲料，运动不足等都可引起便秘。

【症状】

病初食欲减退，腹部膨大，常作排粪姿势，但排粪迟滞；口渴喜饮水，病猪表现轻度不安，用手按压腹部有痛感；继而停食，无精神，结膜充血；瘦猪可摸到大肠中充实干涸的粪块；常努责而排粪困难，间或排出少量干硬粪块。

【治疗】

①温肥皂水灌肠，可促其排粪。

②菜油50~200ml或石蜡50~250ml，陈皮酊20ml，鱼石脂5g，加温水500~1 500ml，一次灌服。此法对体弱、病程较长及怀孕母猪有较好效果。

③硫酸钠或硫酸镁25~80g，加温水1 000ml，一次灌服，对病初健壮的猪效果好。

④大黄末50~80g，果导4~8片，加水一次灌服。

⑤人工盐40~80g，甘草流浸膏40~60ml，陈皮酊20ml，土霉素0.5g×4片，加水一次灌服。

⑥麻仁60g，滑石、大黄、元明粉各15g，枳实9g。煎水去渣，一次灌服。

二、食盐中毒

【病因】

长期喂给酱菜加工废弃物、腌菜水或者人为地在饲料中加入超过规定量的食盐等，都会引起中毒。食盐对猪的致死量为125~250g，平均3.7g/kg体重。

【症状】

口渴，粪便干燥，结膜充血，口流白沫，体温正常，少数病例体温可达41℃以上。大部分病猪出现神经症状，如阵发性或持续性无目的地徘徊或转圈，步态不稳，眼球震颤，严重时瞳孔变大，呼吸困难，侧卧，麻痹，全身肌肉震颤和痉挛，四肢呈游泳状等。如果不及时治疗，数天内可死亡。

【治疗】

由于食盐在猪体内的毒性作用主要是来自氯化钠中的钠离子，食盐中毒时血液中钙离子和钠离子平衡失调，故应该调整钙离子和钠离子的浓度，同时以镇静、解痉为治疗原则。下述注射和灌服药物剂量均按体重约60kg猪计算：

①10%葡萄糖酸钙50~60ml，加入10%葡萄糖中静注，每日2次。也可用10%氯化钙10~30ml，加入葡萄糖液中静注。

②山莨菪碱（6542），每次肌注3~4支，每日2次。

③为镇静解痉，可肌注氯丙嗪、苯巴比妥钠、安定等药；或肌注

40%硫酸镁液10ml。

④必要时可静脉输入葡萄糖液,但不能输入氯化钠溶液。

⑤生石膏30g,花粉20g,芦根30g,绿豆90g,水煎,一次胃管灌服。

【预防】

①要掌握好食盐的用量,一般每头每天喂盐量应控制在大猪15g,架子猪8~10g,小猪3~5g。

②利用酱油渣、酱渣、咸菜水等含食盐量多的物质做饲料时,应该与其他饲料混合后喂猪。

三、脐疝

【病因】

脐疝大部分见于小公猪。通常是由于脐孔闭锁不全,加上腹内压增高、奔跑、捕捉、按压等诱因造成肠管进入囊内引起的。

【症状】

病情轻者,触诊突出于皮下的内容物柔软,用右手食指和中指可以将肠管送回腹腔,如果松开手指,肠管仍然复入皮下。病情严重者,由于肠管和疝气囊粘连,触诊突出部分肿胀、质地较硬、有热痛感、轻度腹痛。如果疝气囊里的肠管阻塞或坏死,病猪便会产生呕吐、食欲减退或废绝、粪便少而干,继而肠臌气甚至死亡。

【治疗】

手术前最好禁食半天,将患猪仰卧保定,局部剪毛、消毒,切开皮肤,公猪应注意避开阴茎和腹壁较大的血管,钝性分离皮下的组织和肌肉层,缓缓将疝气囊送入腹腔内,轻削疝气环后用间断内翻缝合法将其缝合,撒上链霉素粉或碘酒。

四、产后败血症

【病因】

母猪产后, 由于链球菌、葡萄球菌、大肠杆菌或传染性流产杆菌等, 从产道或子宫壁黏膜的损伤部位侵入体内, 随血液和淋巴系统蔓延到全身, 引起败血症。

【症状】

①有重剧的全身症状。

②有腹膜炎的症状。

③常从阴门中流出少量带有恶臭的褐色排泄物, 阴道肿胀, 呈褐色。

【治疗】

①首先应排除聚集在子宫内的腐败物, 可皮下或肌肉注射脑垂体后叶素10~20U, 也可肌注己烯雌酚3~10mg, 使子宫收缩以促进其排出。发现阴道有创伤时, 涂以抗生素软膏或磺胺类软膏。禁止以冲洗的方法排出子宫内的有害物质。

②应用抗生素药物或磺胺类药物以抑制病原菌的繁殖和侵入, 血液中的病原菌, 用青霉素、链霉素、土霉素、红霉素注射, 也可使用磺胺嘧啶、磺胺二甲基嘧啶等。

③心脏衰弱时可用安钠咖、洋地黄等强心药, 有脱水现象时选用糖盐水、复方氯化钠。适当补给钙剂和乌洛托品、维生素制剂等。

五、母猪无乳症

【病因】

母猪怀孕期和哺乳期饲料缺乏或饲料营养价值不全, 母猪患有慢性消耗性疾病，内分泌机能失调，过早交配，发育不全；或是年龄过大，生理机能减退，乳腺闭锁不通，乳房炎等，均可造成缺奶或无奶。

【症状】

乳房皮肤松弛，乳腺不发达，挤不出奶或乳量逐渐减少。仔猪哺乳次数增加但吃不饱，经常追赶母猪吮乳，致使乳头破损，甚至溃烂。母猪拒绝哺乳，小猪因饥饿而嘶叫。母猪无乳常可引起全窝仔猪死亡。

【治疗】

①加强饲养管理，及时治疗原发病。每日用热毛巾敷乳房数次，并适当按摩。

②中药治疗可选用下列处方。

处方一：蒲公英120g、地丁草120g、鲜芦根180g、忍冬藤120g，煎服，连用2剂，适用于虚弱无奶的母猪。

处方二：王不留行36g、天花粉36g、漏芦24g、僵蚕18g、猪蹄2个，水煮半小时，加入中药再煮半小时，滤出，加黄酒50~100ml，分2次灌服。

处方三：王不留行24g，通草、穿山甲、白术各9g，白芍、党参、黄芪、当归各12g，研服或煎服。

处方四：当归60g、木通30g、鲜柳树皮200g，煎水，加蒸熟的小米混合饲喂。

六、猪应激综合征

在兽医临床中，往往在遇到给猪打针时，刚一扎针或推注完毕，拔出针头后，猪只就死亡了；或是在灌药时，抓耳保定，插入胃管，等待药液灌入，猪也就死亡了。

这种局面使临床兽医处境十分难堪。因为兽医心里明白：药物决不会灌入气管，而注射药物也不会马上吸收造成死亡。过去只能以"心力衰竭"来解释。人们认识到这是一种"应激反应"。这种反应人与动物皆有，而动物中以猪的反应最敏感，死亡率也最高。

【病因】

由应激原作用于猪产生的应激。应激原就是各种不良的刺激，在兽医实践中应激原有几十种。常见的有：

①自然界环境的变化，如地震感应、巨雷暴雨、过热过冷等。

②生活环境的变化，如混群、斗架、驱赶、运输、厩舍拥挤、持久噪音等。

③兽医或饲管人员的鞭打、惊吓、粗暴追捕、电流刺激、强力保定、打针、灌药等。

应激原与致病因素既相同又不相同，相同的是两者对机体都可产生不利的影响，不同的是病因通常具有特异性反应。应激原则主要是一些非特异性因素作用于机体所引起的非特异性反应，即肾上腺皮质肿大，细胞分泌增强；胸腺及淋巴细胞萎缩，嗜酸性白细胞和淋巴细胞减少，中性白细胞增多；胃肠道溃疡和出血或呈休克状态，这种反应一般称作"全身适应综合征"（GAS）。但又必须看到，在一般的致病因素中往往亦可包含有应激的成分，而某种应激原的作用又可能成为某些特殊疾病的诱因。应激原作用的强度、时间不同，猪只的反应程度亦不一样，即使同一强度、同一时间的应激原作用于某一群猪，反应也不完全一样。同一猪群中，有些猪对应激原的刺激十分敏感，反应剧烈，这种猪特列为"应激敏感猪"；而另一些猪则不太敏感。应激敏感猪可从外貌、神经类型等表现出来，而且具有遗传性，例如：外观丰满，肢体矮小，膀背有肌沟，胆小易于惊恐，皮肤易起红斑，体温易升高的猪，多为应激敏感等。

【症状】

1. 应激急性死亡

看不到症状而突然死亡，兽医称之为"突毙综合征"（SDS）。当给猪检查疾病、抓耳保定或打针时突然死亡，或是猪在运输中突然死亡，这些情况类似于急性心力衰竭或休克，其死亡机制尚未完全明确，可能是肾上腺髓质受强烈刺激，产生大量肾上腺素所引起的严重反应。

2. 急性应激综合征

本类应激反应具有稍长一点的反应过程，因而可看到一些症状。例如，开始出现肌肉和尾巴震颤，进而引起显著的呼吸困难，皮肤苍白与潮红不规则地交替出现，体温迅速增高，继而发展为酸中毒，产生明显的肌肉僵硬，发生休克或死亡。

【防治】

①出售肥猪前12h不要喂得太饱，装运时动作不应粗暴。

②夏季高温天气不宜长途调运猪只，如必须调运，应注意车、船内猪只不要太多，并注意通风与降温。

③兽医给猪打针、灌药前，抓猪保定时动作要慢，避免使之过分惊慌。

④应激敏感猪，一般认为有遗传性。因此，猪场在选留种猪时，应注意淘汰那些胆小易惊、难于管教的猪。

⑤药物防治：用镇静剂、皮质激素及抗过敏药。其中氯丙嗪对抗应激综合征具有重要的作用和影响，主要通过纹状体和间脑-垂体系统增强中枢神经系统的抑制作用，使机体产生防卫性和适应性能力，剂量为1~2mg/kg体重，肌肉注射。

其他如皮质激素肌注或静注，或巴比妥酸盐、盐酸吗啡、盐酸苯海拉明等均可选用。

当猪发病后，由于血中乳酸升高，pH下降，导致酸中毒，故应用5%碳酸氢钠注射液加入糖盐水中静注，对缓解应激反应有一定效果。哺乳仔猪断奶混群时，易引发剧烈不安，为消除这种应激反应，在断奶后3d内，给饲料中加入缬草酊，每头仔猪0.5ml，效果良好。

参考文献

[1]李保明, 施正香. 设施农业工程工艺及建筑设计 [M]. 北京:中国农业出版社, 2005:12—23.

[2]郭莉. 谈规模猪场猪舍基本结构要求及应关注的问题 [J]. 中国畜禽种业, 2009.

[3]杨公社. 猪生产学 [M]. 北京: 中国农业出版社, 2002.

[4]汪嘉燮. 生态养猪技术手册 [M]. 上海: 上海科学技术出版社, 2007.

[5]刘海良. 养猪生产 [M]. 北京: 中国农业出版社, 1998.

[6]李浩波, 高云英. 绿色肉猪高效饲养生产技术指南 [M]. 西安: 西安地图出版社, 2005.

[7]李兴如. 养猪窍门百问百答 [M]. 北京: 中国农业出版社, 2009.